CONTEÚDO DIGITAL PARA ALUNOS

Cadastre-se e transforme seus estudos em uma experiência única de aprendizado:

1

Entre na página de cadastro:

www.editoradobrasil.com.br/sistemas/cadastro

2

Além dos seus dados pessoais e dos dados de sua escola, adicione ao cadastro o código do aluno, que garantirá a exclusividade do seu ingresso à plataforma.

8815311A5391156

3

Depois, acesse:

www.editoradobrasil.com.br/leb

e navegue pelos conteúdos digitais de sua coleção **:D**

Lembre-se de que esse código, pessoal e intransferível, é valido por um ano. Guarde-o com cuidado, pois é a única maneira de você acessar os conteúdos da plataforma.

Raciocínio e Cálculo Mental

Ensino Fundamental
Anos Finais

1ª edição
São Paulo, 2022

Dados Internacionais de Catalogação na Publicação (CIP)
(Câmara Brasileira do Livro, SP, Brasil)

Dante, Luiz Roberto
Raciocínio e cálculo mental 6 : Ensino Fundamental : Anos Finais / Luiz Roberto Dante. -- 1. ed. -- São Paulo : Editora do Brasil, 2022. -- (Raciocínio e cálculo mental)

ISBN 978-85-10-09297-5 (aluno)
ISBN 978-85-10-09295-1 (professor)

1. Atividades e exercícios (Ensino fundamental) 2. Matemática (Ensino fundamental) 3. Raciocínio e lógica I. Título. II. Série.

22-115233 CDD-372.7

Índices para catálogo sistemático:

1. Matemática : Ensino fundamental 372.7

Eliete Marques da Silva - Bibliotecária - CRB-8/9380

© Editora do Brasil S.A., 2022
Todos os direitos reservados

Direção-geral: Vicente Tortamano Avanso

Diretoria editorial: Felipe Ramos Poletti
Gerência editorial de conteúdo didático: Erika Caldin
Gerência editorial de produção e design: Ulisses Pires
Supervisão de design: Andrea Melo
Supervisão de arte: Abdonildo José de Lima Santos
Supervisão de revisão: Elaine Cristina da Silva
Supervisão de iconografia: Léo Burgos
Supervisão de digital: Priscila Hernandez
Supervisão de controle de processos editoriais: Roseli Said
Supervisão de direitos autorais: Marilisa Bertolone Mendes

Supervisão editorial: Everton José Luciano
Consultoria técnica: Clodoaldo Pereira Leite
Edição: Paulo Roberto de Jesus Silva e Viviane Ribeiro
Assistência editorial: Rodrigo Cosmo dos Santos
Revisão: Amanda Cabral, Andréia Andrade, Bianca Oliveira, Fernanda Sanchez, Gabriel Ornelas, Giovana Sanches, Jonathan Busato, Júlia Castello, Luiza Luchini, Maisa Akazawa, Mariana Paixão, Martin Gonçalves, Rita Costa, Rosani Andreani e Sandra Fernandes
Pesquisa iconográfica: Ana Brait
Tratamento de imagens: Robson Mereu
Projeto gráfico: Rafael Vianna e Talita Lima
Capa: Talita Lima
Edição de arte: Daniel Souza e Mario Junior
Ilustrações: André Martins, Dayane Cabral, Dayane Raven, Ilustra Cartoon, Lilian Gonzaga, Lucas Navarro e Tabata Nascimento
Editoração eletrônica: Estação das Teclas
Licenciamentos de textos: Cinthya Utiyama, Jennifer Xavier, Paula Harue Tozaki e Renata Garbellini
Controle de processos editoriais: Bruna Alves, Julia do Nascimento, Rita Poliane, Terezinha de Fátima Oliveira e Valeria Alves

1ª edição / 1ª impressão, 2022
Impresso na Hawaii Gráfica e Editora.

Rua Conselheiro Nébias, 887
São Paulo/SP – CEP 01203-001
Fone: +55 11 3226-0211
www.editoradobrasil.com.br

APRESENTAÇÃO

Raciocínio e cálculo mental são ferramentas que desafiam a curiosidade, estimulam a criatividade e nos ajudam na hora de resolver problemas e enfrentar situações desafiadoras.

Nesta coleção, apresentamos atividades que farão você perceber regularidades ou padrões, analisar informações, tomar decisões e resolver problemas. Essas atividades envolvem números e operações, geometria, grandezas e medidas, estatística, sequências, entre outros assuntos.

Esperamos contribuir para sua formação como cidadão atuante na sociedade.

Bons estudos!

O autor

CONHEÇA SEU LIVRO

DEDUÇÕES LÓGICAS

Esta seção convida o estudante a resolver atividades de lógica.

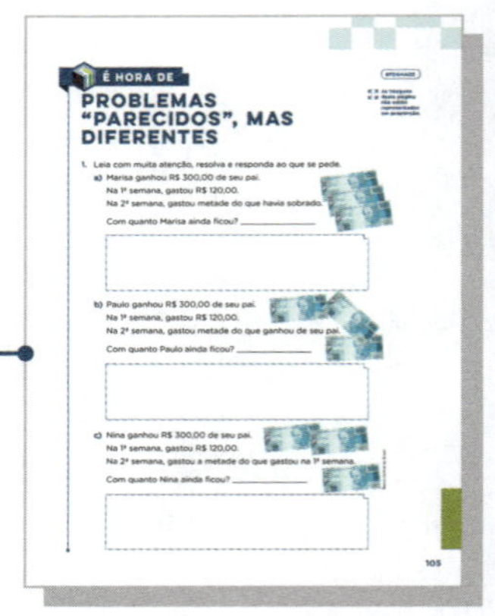

É HORA DE...

Esta seção estimula o estudante a resolver, completar e elaborar diversos problemas e operações matemáticos.

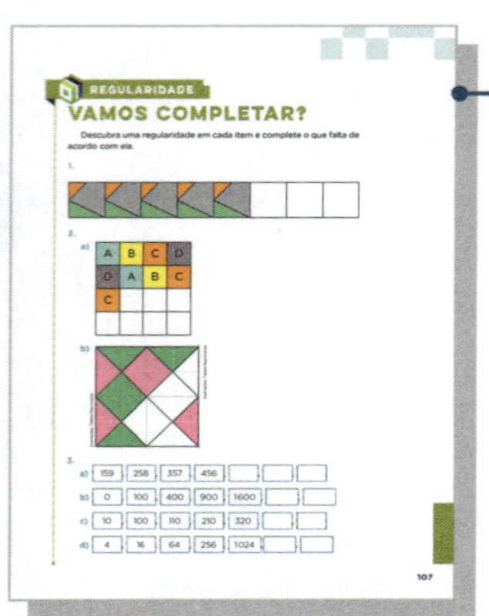

REGULARIDADES

Esta seção convida os estudantes a resolver diversas atividades que abordam a regularidade de uma sequência.

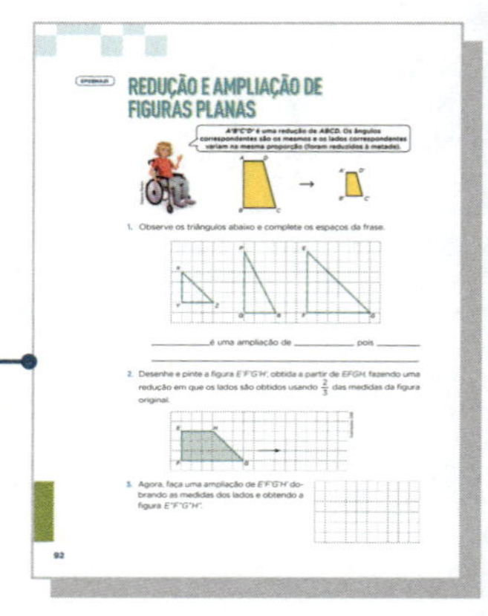

ATIVIDADES

Seção que propõe diferentes atividades e situações-problema para você resolver desenvolvendo os conceitos abordados.

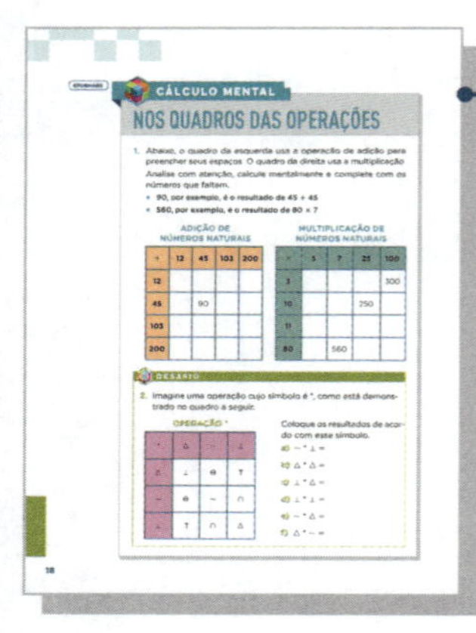

CÁLCULO MENTAL

Esta seção convida os estudantes a resolver mentalmente diversas atividades.

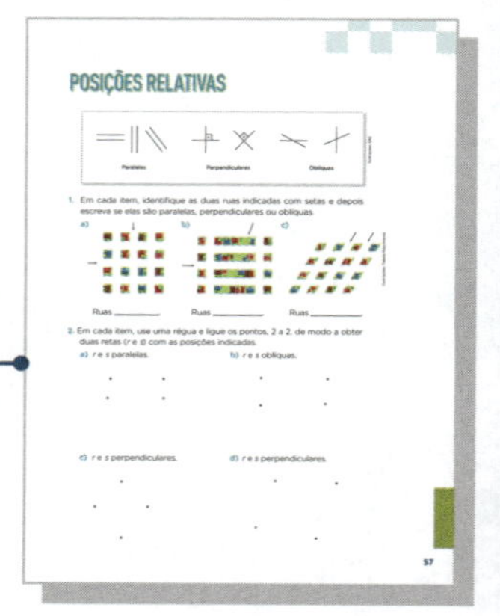

CONTEÚDO E ATIVIDADES DIVERSAS

O conteúdo é apresentado como revisão e disponibiliza aos estudantes diversas atividades sobre o assunto estudado.

ÍCONES

SUMÁRIO

DEDUÇÕES LÓGICAS

BRINCANDO NO PARQUE DE DIVERSÕES

1. Carlos, Neide, Mara e Beto foram ao parque de diversões, onde visitaram o tobogã e a roda-gigante. Analise com atenção o esquema abaixo e descubra como foi a frequência do grupo nos brinquedos.

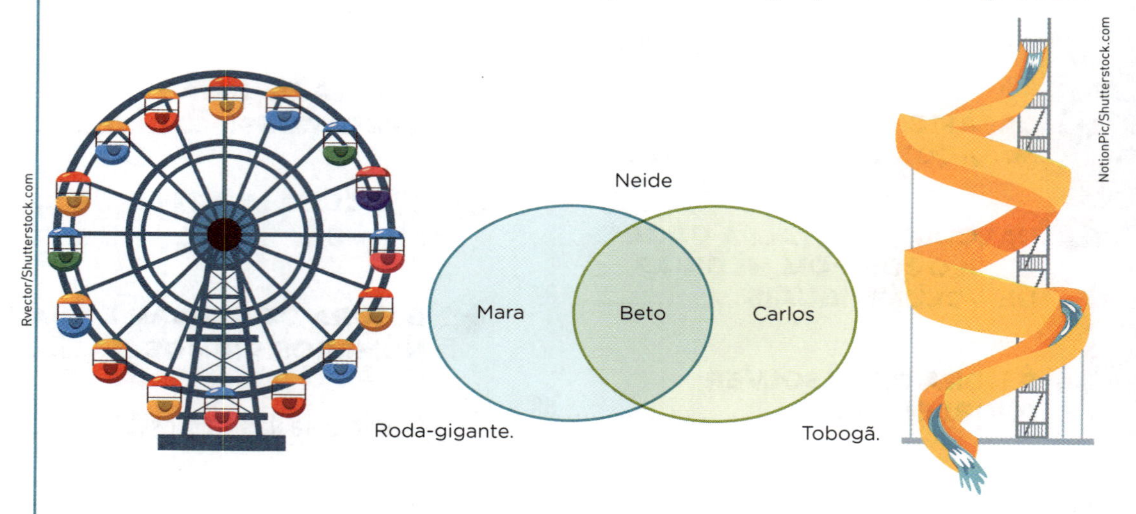

Roda-gigante. Tobogã.

Agora, indique a criança correspondente em cada frase de acordo com o descrito no esquema.

- _______________ foi no tobogã e não foi na roda-gigante.
- _______________ foi no tobogã e também na roda-gigante.
- _______________ foi na roda-gigante e não foi no tobogã.
- _______________ não foi na roda-gigante nem no tobogã.

2. Veja agora o grupo formado por Paulo, Bia, Nino e Vera. Cada um deles visitou somente um dos dois brinquedos citados na atividade anterior.

- Paulo e Bia escolheram o mesmo brinquedo.
- Bia e Vera escolheram brinquedos diferentes.
- Nino e Vera escolheram brinquedos diferentes.
- Nino não escolheu a roda-gigante.

Escreva qual brinquedo cada criança escolheu.

a) Paulo: ______________________.

b) Bia: ______________________.

c) Vera: ______________________.

d) Nino: ______________________.

REGULARIDADES

1. Descubra uma regularidade na faixa decorativa abaixo e, de acordo com ela, termine de completá-la.

Tabata Nascimento

2. Analise a sequência de figuras a seguir. Cada um de seus termos é indicado com uma letra maiúscula, seguindo a ordem alfabética.

   a) Descubra uma regularidade na sequência e, de acordo com ela, desenhe o termo **E**.

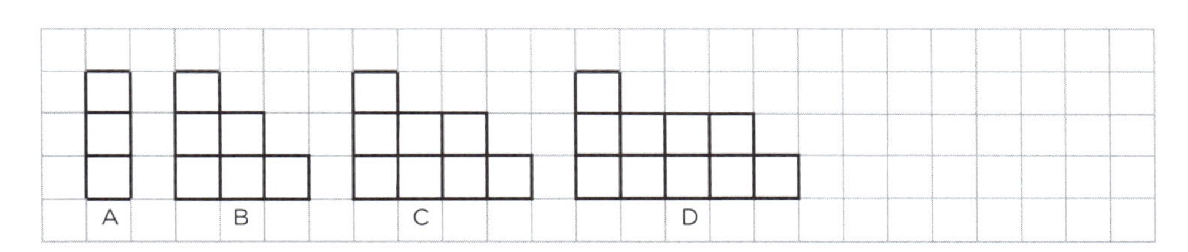

   b) Escreva o número total de quadrinhos nos termos **C**, **D** e **E**, como está feito no **A** e **B**.

   A: ___3___ quadradinhos.

   B: ___6___ quadradinhos.

   C: __________ quadradinhos.

   D: __________ quadradinhos.

   E: __________ quadradinhos.

   c) Agora, desenhe o termo **J** da sequência e escreva a quantidade de quadradinhos que o compõe: __________.

   d) Finalmente, descubra e responda: Qual é o número total de quadrinhos no termo **R**?

   ____

   ____

   ____.

EF06MA01

A CAÇA AOS NÚMEROS NATURAIS

Veja, abaixo, dez números naturais.

1. Localize cada um desses números descritos a seguir, escreva-o no quadrinho e pinte com a cor correspondente.

a) O número que tem 3 classes e 7 ordens. [ ]

b) O número que, arredondado para a unidade de milhão mais próxima, seja 29 000 000. [ ]

c) O número que tem 200 000 + 80 000 + 6 000 + 700 + 10 + 4 como uma decomposição. [ ]

d) O número que tem o 6 como algarismo das dezenas de milhar. [ ]

e) O número cujo leitura é vinte e seis mil, setecentos e quarenta e dois. [ ]

f) O número que fica entre 26 745 e 26 752. [ ]

g) O número que tem duas classes e a soma dos seus algarismos é igual a 20: [ ]

2. Agora, coloque na ordem crescente os três números do quadro que não foram citados na atividade.

[ ], [ ] e [ ]

SEMPRE, NUNCA OU ÀS VEZES

EF06MA17

Observe atentamente as características dos prismas e das pirâmides desenhadas abaixo e, depois, complete cada afirmação com **sempre**, **nunca** ou **às vezes**.

PRISMAS

PIRÂMIDES

Ilustrações: DAE

a) Uma pirâmide ______________ tem duas faces quadradas.

b) Um prisma ______________ tem um número par de vértices.

c) Uma pirâmide ______________ tem o número de vértices igual ao número de faces.

d) Um prisma ______________ tem todas as faces retangulares.

e) Uma pirâmide ______________ tem menos do que 4 faces.

f) Um prisma ______________ tem o número de vértices igual à $\frac{2}{3}$ do número de arestas.

g) Uma pirâmide ______________ tem uma face hexagonal.

h) Um prisma ______________ tem 3 faces retangulares.

EF06MA24

CÁLCULO MENTAL

ESFERAS NAS BALANÇAS

Observe as esferas de diferentes cores e medidas de massa.

Represente-as nas pesagens abaixo e pinte as esferas que faltam, de modo que estejam de acordo com a posição dos pratos das balanças.

ATENÇÃO

Todas as esferas devem ser usadas.

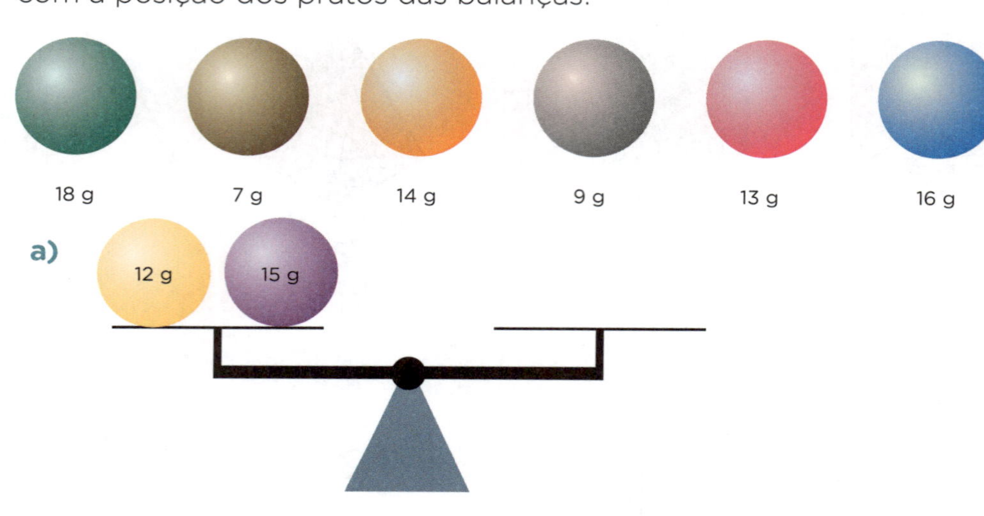

Ilustrações: DAE

______ + ______ = ______ + ______ = ______

b)

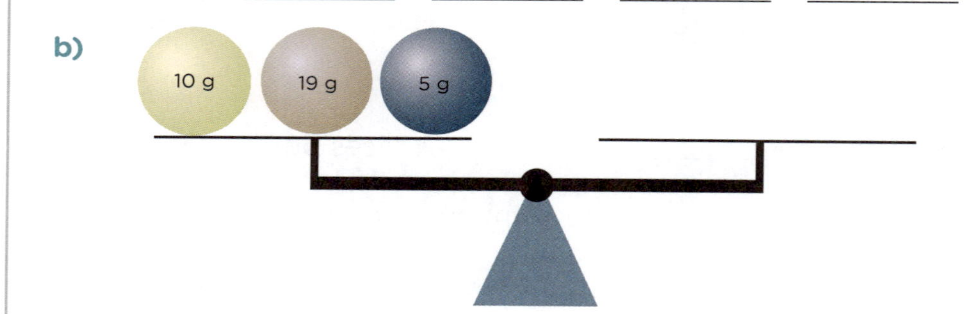

______ + ______ + ______ = ______ + ______ = ______

c)

______ < ______ ou

______ > ______

NÚMEROS NATURAIS NA RETA NUMERADA

EF06MA01

1. Observe parte da reta numerada. Entre as dezenas exatas estão marcados alguns pontos.

Em seguida, observe os números naturais abaixo e identifique, para cada um, a posição mais conveniente entre os pontos assinalados com • na figura.

Faça com todos o mesmo que está feito com o [39].

[45] [32] [57] [29] [54] [36]

E, depois, coloque os números correspondentes nos ◯.

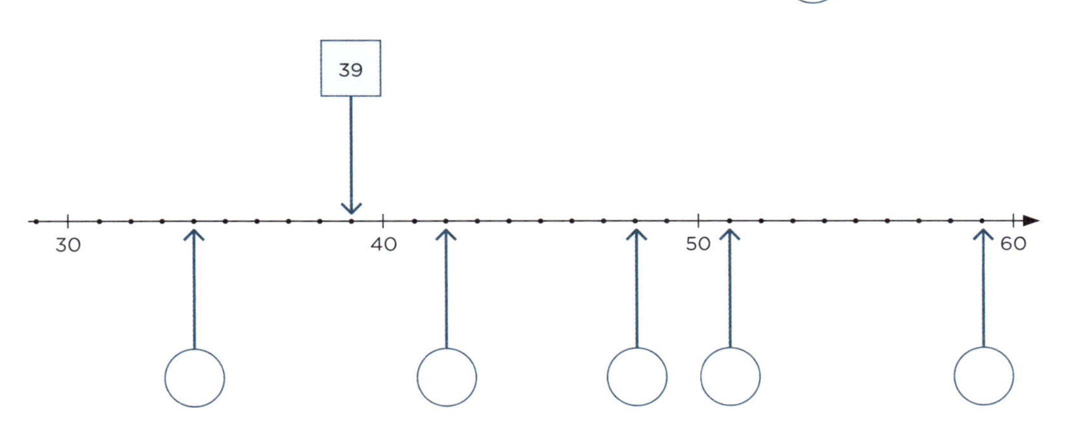

2. Depois, com números naturais maiores do que 100, analise os intervalos com atenção e complete os ◯ com os números correspondentes.

a)

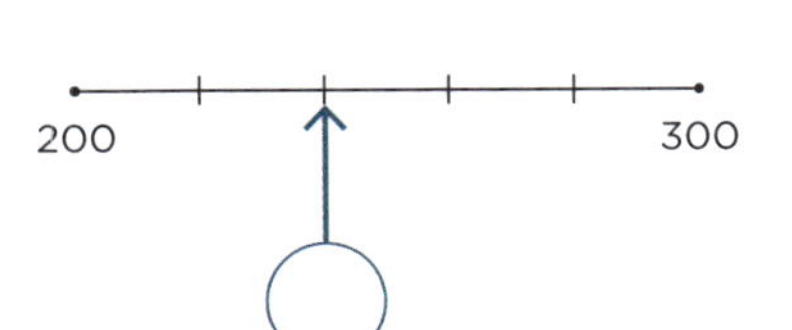

b)

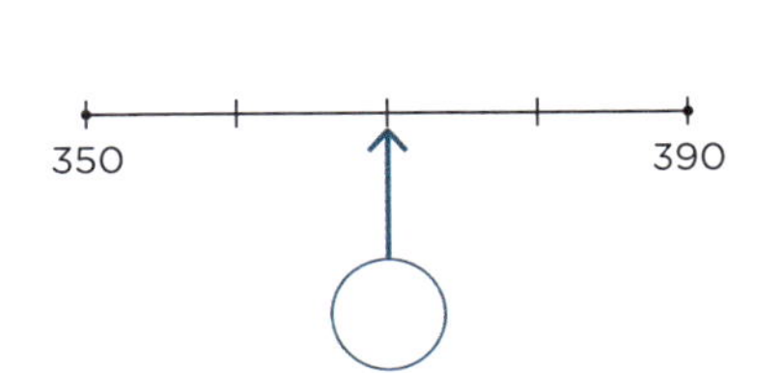

c)

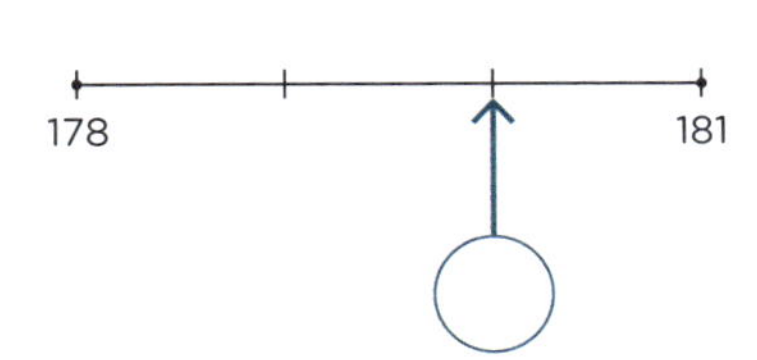

d)

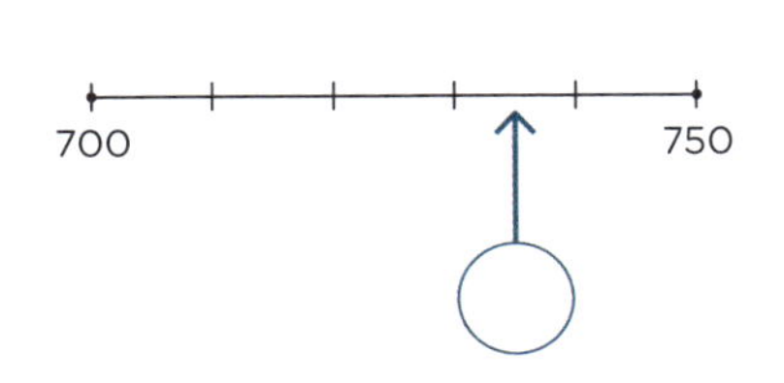

VOCÊ CONHECE?

PALÍNDROMOS

Números, palavras e frases palíndromos podem ser lidos da mesma forma tanto de trás para frente quanto de frente para trás.

747 é um número palíndromo. ASA é uma palavra palíndromo.

Uma frase palíndromo: ROMA ME TEM AMOR.

1. Pinte só os quadrinhos que têm números ou palavras que são palíndromos.

16 961 | 5656 | 44 | 266 | 626 | 278 872

ARARA | UVA | MIRIM | EMA | SOPAPOS | ALMA

2. Das frases a seguir, assinale as que são palíndromos.

☐ AME O POEMA.

☐ O LOBO VIU A BOLA.

☐ IRENE RI.

☐ O GALO AMA O LAGO.

☐ A LUPA PULA.

3. Complete para que sejam palíndromos.

Número: ☐ 5 7 ☐ 4.

Palavra: ☐ R ☐ E.

Frase: OTO ☐☐☐ ☐☐☐ E ANA AMA ☐☐☐.

4. O século XXI vai do início de 2001 até o final de 2100.

Qual é o ano do século XXI cujo número é palíndromo? ____________

EF06MA03

ELABORAR E RESOLVER PROBLEMAS!

1. Leia o enunciado a seguir e coloque números nos quadrinhos vazios para que estejam de acordo com os valores já colocados.

Em uma escola foram reservadas [300] folhas de papel sulfite para uma atividade em três classes do 6º ano.

- No 6º A foram usadas [ ] folhas.
- No 6º B foram usadas [5] folhas a menos que no 6º A.
- No 6º C faltaram [10] folhas para que o número de folhas chegasse a [ ].
- No final da atividade, sobraram [20] folhas.

Agora, complete nos traços de acordo com os valores colocados e indique as operações que justificam esses valores.

6º A: ________ folhas   6º B: ________ folhas   6º C: ________ folhas

(_____ − _____ = _____) (_____ − _____ = _____)

Total de folhas usadas: _____.   Sobraram: ________ folhas.

(_____ + _____ + _____ = _____)   (_____ − _____ = _____)

2. Escreva e resolva uma situação-problema na qual apareça a expressão "menos que" e seja usada a subtração 1023 − 685.

Enunciado:

____

____

____

Resposta:

____

SIMETRIA DE REFLEXÃO EM FAIXAS DECORATIVAS E PAINÉIS

Complete as faixas decorativas e os painéis fazendo simetrias de reflexão em relação aos eixos indicados.

Faixas decorativas

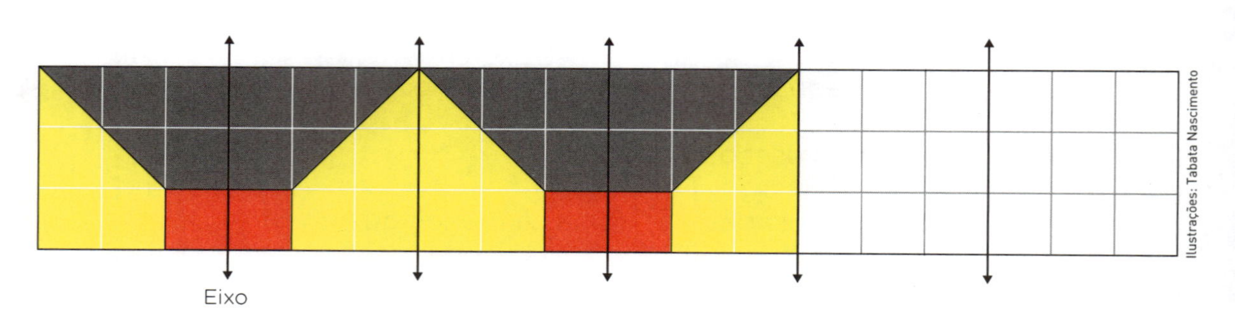

Ilustrações: Tabata Nascimento

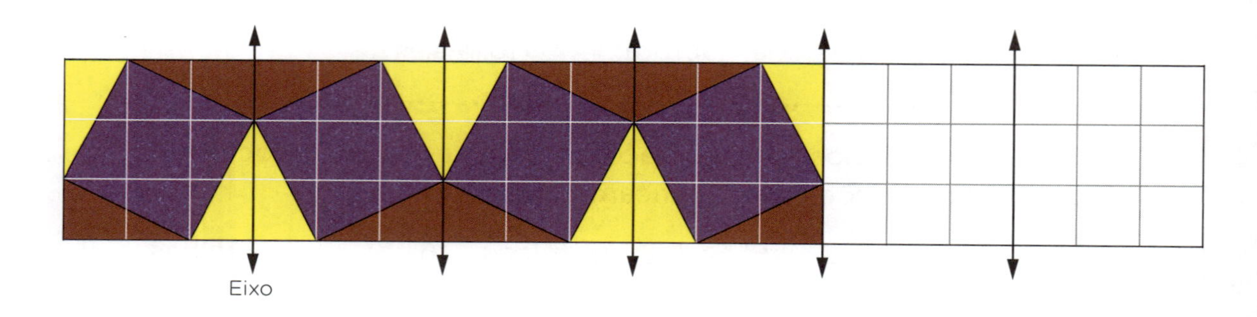

Painéis

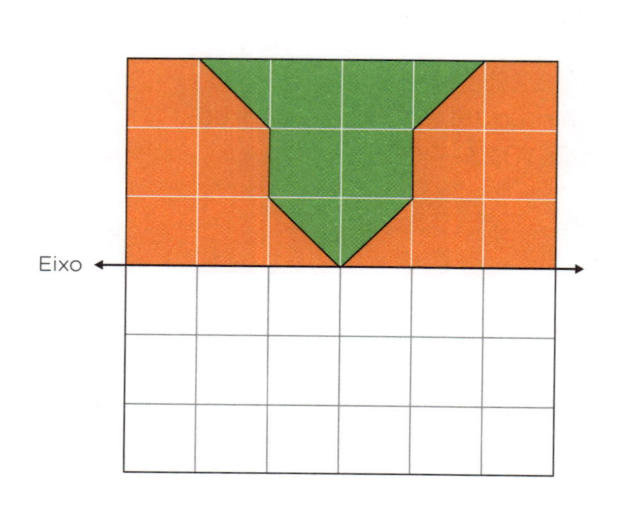

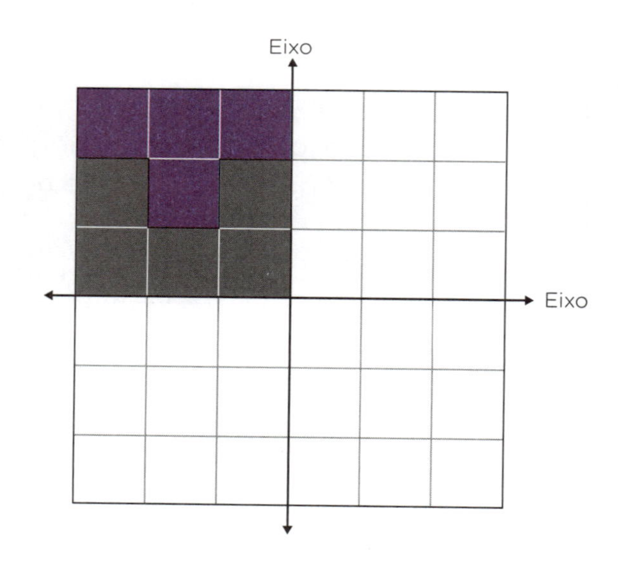

CÁLCULO MENTAL

EF06MA17

COMPLETAR, PINTAR E CALCULAR

As figuras a seguir mostram desenhos incompletos de pirâmides e prismas com destaque para todos os seus vértices e algumas arestas.

Complete as figuras usando uma régua e trace as demais arestas, algumas com linhas contínuas e outras com linhas tracejadas quando for o caso.

Depois, pinte os sólidos com as cores que quiser.

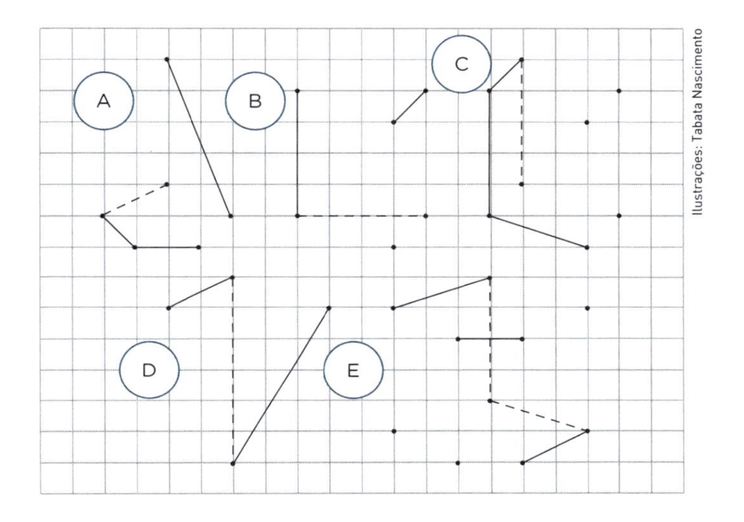

Ilustrações: Tabata Nascimento

Agora, complete o quadro abaixo com o número de vértices (**V**), de faces (**F**) e de arestas (**A**) de cada prisma ou pirâmide. Indique também o nome da figura de acordo com a forma da base.

Sólido	V	F	A	Nome
A				
B				
C				
D				
E				

EF06MA03

CÁLCULO MENTAL

NOS QUADROS DAS OPERAÇÕES

1. Abaixo, o quadro da esquerda usa a operação de adição para preencher seus espaços. O quadro da direita usa a multiplicação.

Analise com atenção, calcule mentalmente e complete com os números que faltam.

- **90, por exemplo, é o resultado de 45 + 45**
- **560, por exemplo, é o resultado de 80 × 7**

ADIÇÃO DE NÚMEROS NATURAIS

+	12	45	103	200
12				
45		90		
103				
200				

MULTIPLICAÇÃO DE NÚMEROS NATURAIS

×	5	7	25	100
3				300
10			250	
11				
80		560		

DESAFIO

2. Imagine uma operação cujo símbolo é *, como está demonstrado no quadro a seguir.

OPERAÇÃO *

*	△	∼	⊥
△	⊥	Θ	T
∼	Θ	∼	∩
⊥	T	∩	△

Coloque os resultados de acordo com esse símbolo.

a) ∼ * ⊥ =

b) △ * △ =

c) ⊥ * △ =

d) ⊥ * ⊥ =

e) ∼ * △ =

f) △ * ∼ =

CÁLCULO MENTAL

E O VOCABULÁRIO MATEMÁTICO

EF06MA03

1. Em cada item, efetue a operação mentalmente e complete as lacunas. Depois, escreva o nome da operação, seu resultado e indique o nome dele.

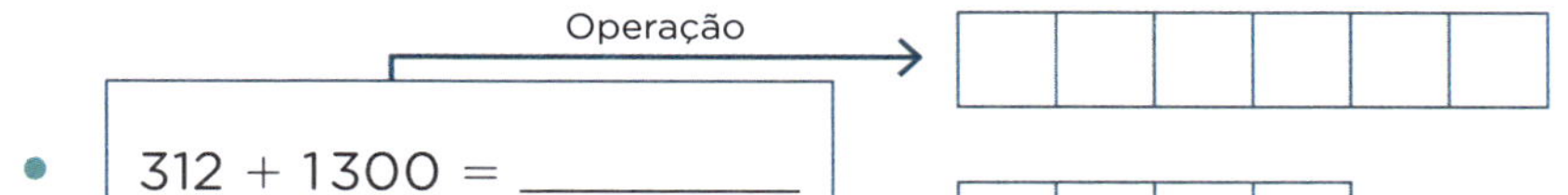

- $312 + 1300 =$ ______
  Operação → □□□□□□
  Resultado → □□□□

- $806 - 799 =$ ______
  Operação → □□□□□□□□□
  Resultado → □□□□□□□□□

- $3 \times 2004 =$ ______
  Operação → □□□□□□□□□□□□□
  Resultado → □□□□□□□

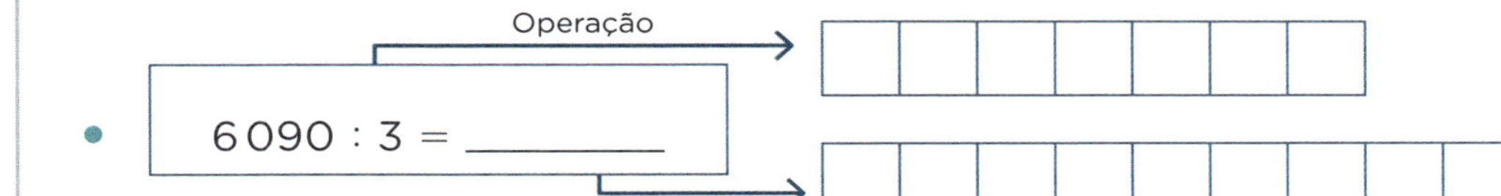

- $6090 : 3 =$ ______
  Operação → □□□□□□□
  Resultado → □□□□□□□□□

2. Complete o diagrama de palavras usando todas as palavras destacadas na **atividade 1**.

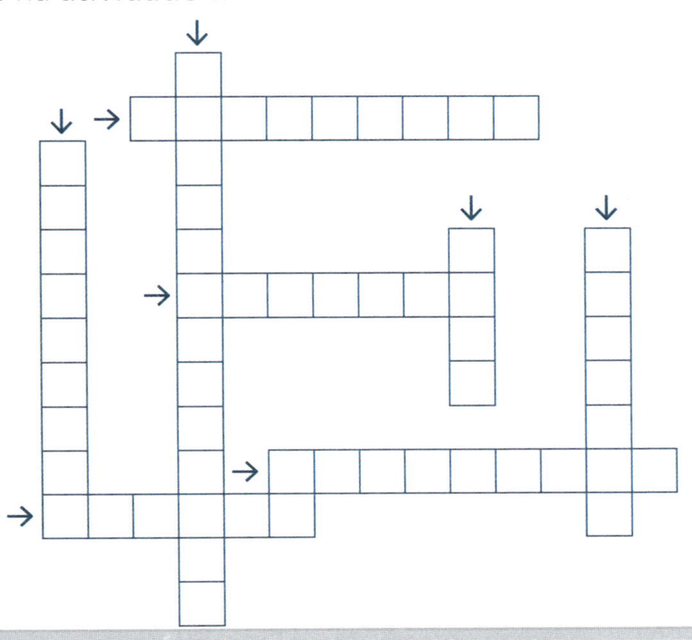

EF06MA01

NÚMEROS DECIMAIS NA RETA NUMERADA

1. Em cada retângulo escreva o valor, na unidade de medida citada, usando um número decimal.

- Mara comprou 1 kg e 725 g de carne → ________ kg
- Pedro tem 1 m e 60 cm de altura → ________ m
- Maria preparou um litro e meio de suco → ________ L
- O termômetro, em um dia de muito frio, marcou 2 graus e 1 décimo de grau Celsius → ________ °C
- O preço de cada bala é 1 real e 25 centavos → R$ ________

2. Agora, escreva somente os números decimais registrados acima, ou seja, sem as unidades de medida. ______ ______ ______ ______ ______

3. Na reta numerada a seguir estão marcados os 5 pontos correspondentes a esses números. Registre cada um em seu ponto.

1 2

4. Por último, indique entre esses cinco números:

a) o maior de todos e o menor de todos;

____

b) os que ficam entre 1,5 e 2;

____

c) o menor entre os que ficam entre 1,25 e 1,725;

____

d) o maior que 2.

____

COMPARAÇÃO DE NÚMEROS DECIMAIS E A RETA NUMERADA

EF06MA01

As imagens desta página não estão representadas em proporção.

1. Em cada item, siga as instruções na ordem a seguir.
   - Escreva os números decimais correspondentes às informações.
   - Indique, na parte da reta numerada, entre quais números inteiros consecutivos eles ficam.
   - Registre a posição de cada um dos dois números entre os pontos assinalados.
   - Escreva e compare os dois números colocando o símbolo > (maior que) ou < (menor que) entre eles.

   a) Pedro tem 3 notas de R$ 2,00 e 1 moeda de R$ 0,25 → R$ ________.

   Ana tem 1 nota de R$ 5,00 e 3 moedas de R$ 0,50 → R$ ________.

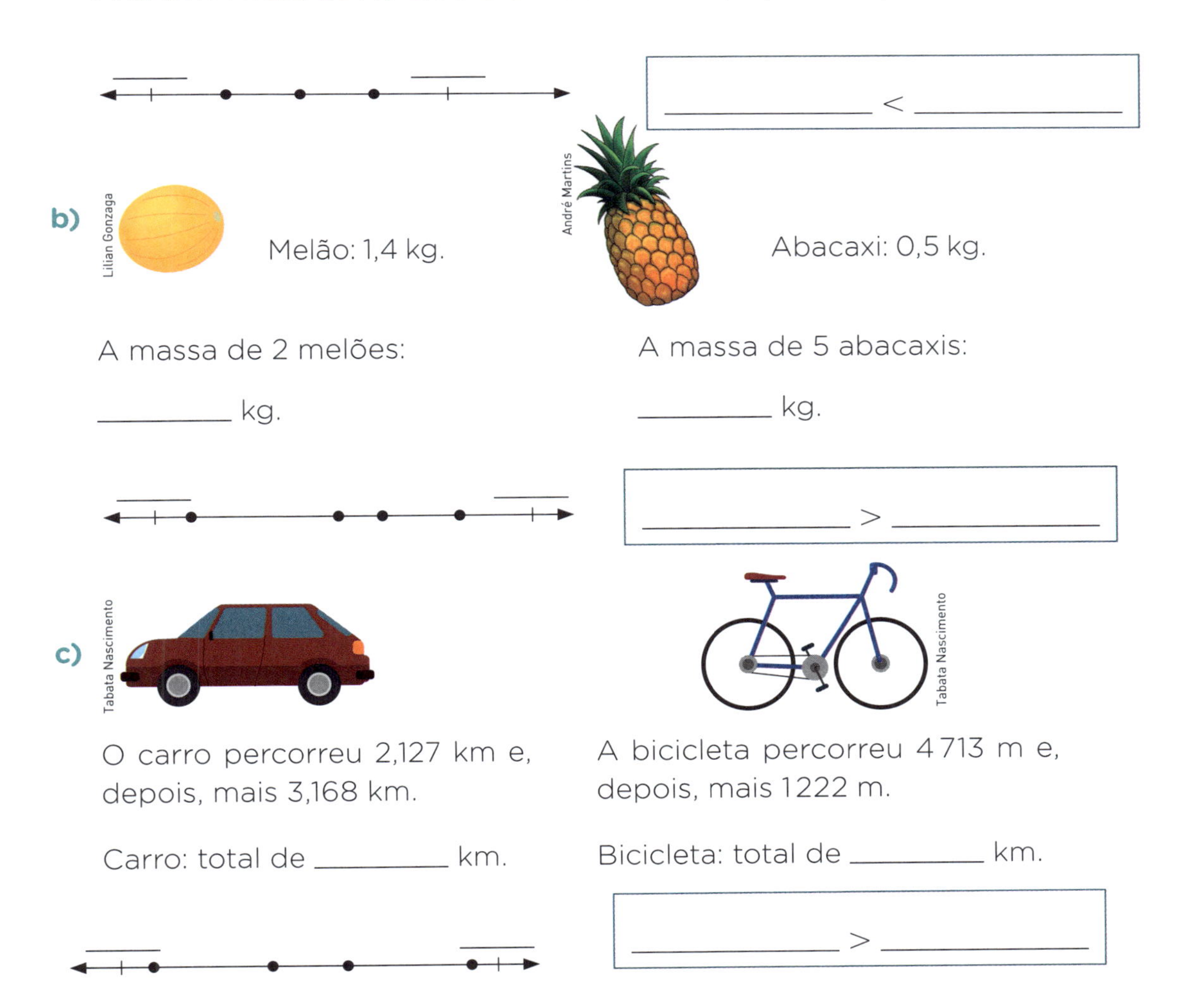

______________ < ______________

b) Melão: 1,4 kg.

Lilian Gonzaga

André Martins

Abacaxi: 0,5 kg.

A massa de 2 melões:

________ kg.

A massa de 5 abacaxis:

________ kg.

______________ > ______________

c) Tabata Nascimento

Tabata Nascimento

O carro percorreu 2,127 km e, depois, mais 3,168 km.

Carro: total de ________ km.

A bicicleta percorreu 4 713 m e, depois, mais 1222 m.

Bicicleta: total de ________ km.

______________ > ______________

EF06MA24

COMPLETAR MEDIDAS

1. Veja as 4 medidas de cada grandeza a seguir. Escreva, em cada grupo, o nome da grandeza correspondente.

6 000 kg	1800 m	R$ 5,40	4h10min
4 500 kg	6 100 m	R$ 3,60	8h30min
4 000 kg	4 300 m	R$ 5,20	5h50min
4 700 kg	3 900 m	R$ 4,80	1h40min
Medidas de ______	Medidas de ______	Medidas de ______	Medidas de ______

2. Agora, em cada item, coloque as medidas acima adequadas para obter o total indicado.

Total				
10 quilômetros				
10 horas				
10 toneladas				
10 reais				
10 horas				
10 quilômetros				

CÁLCULO MENTAL

DIFERENTES CONTAGENS DE UMA MESMA QUANTIDADE

Para contar as 15 estrelinhas que aparecem ao lado, os estudantes de uma classe fizeram diferentes agrupamentos.

Ilustrações: DAE

Veja os esquemas a seguir.

Rafael

Joana

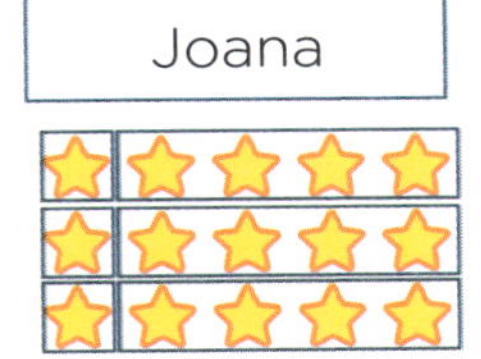

Marcos

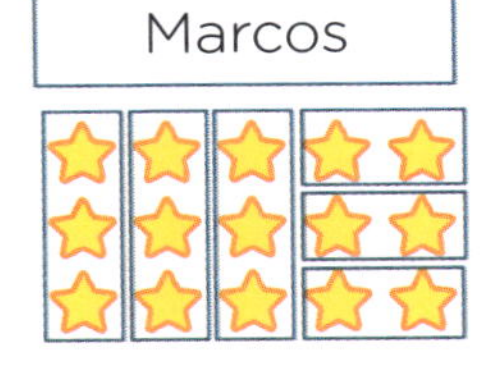

Pedro

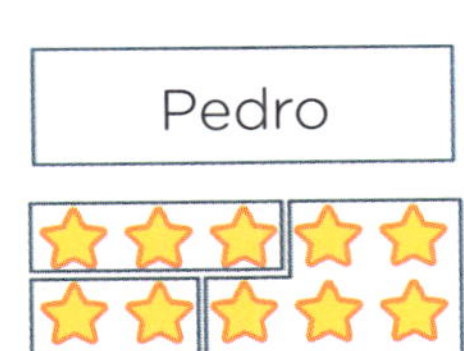

Aldo

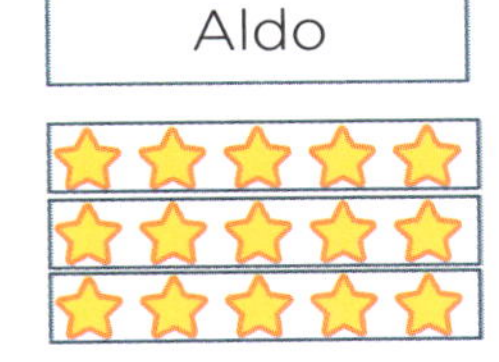

Cecília

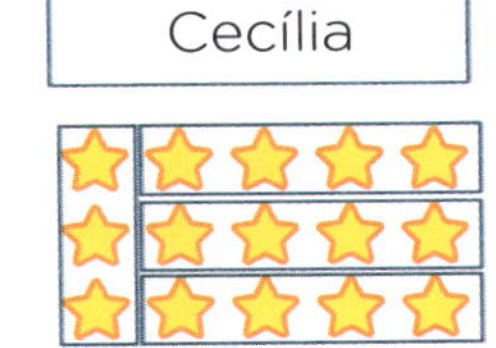

De acordo com cada agrupamento feito, temos uma operação ou uma expressão numérica correspondente.

1. Escreva o nome da criança de acordo com seu agrupamento e a operação ou expressão registrada.

a)

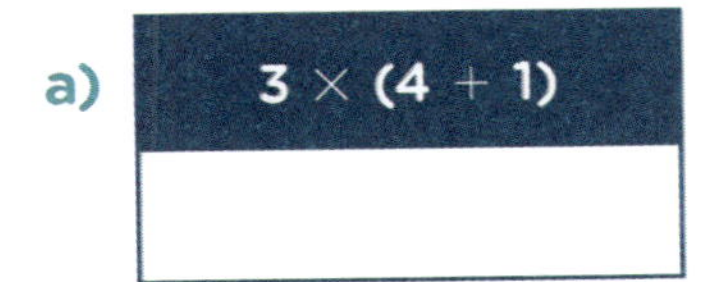

b)

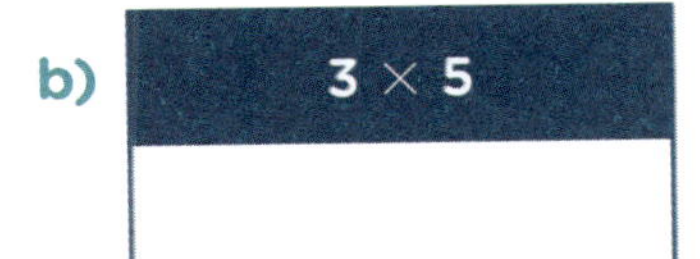

c)

d)

e)

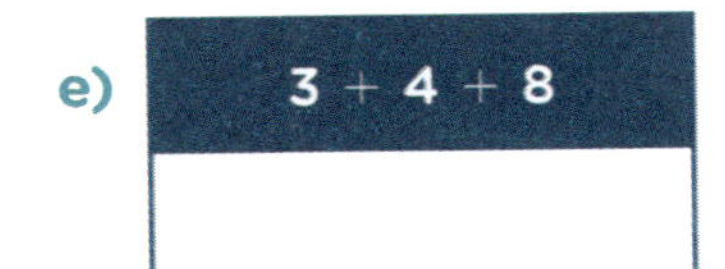

f)

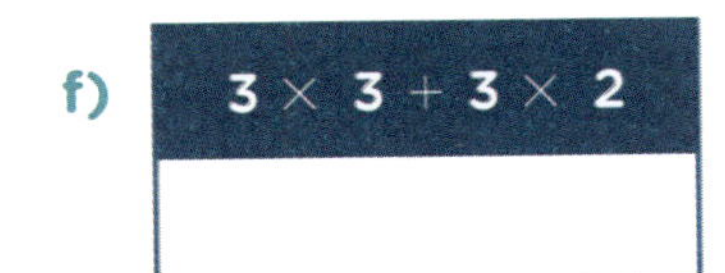

QUANTOS EIXOS DE SIMETRIA?

1. Observe cada figura e escreva em cada linha quantos eixos de simetria ela tem. Depois, trace todos eles quando existirem.

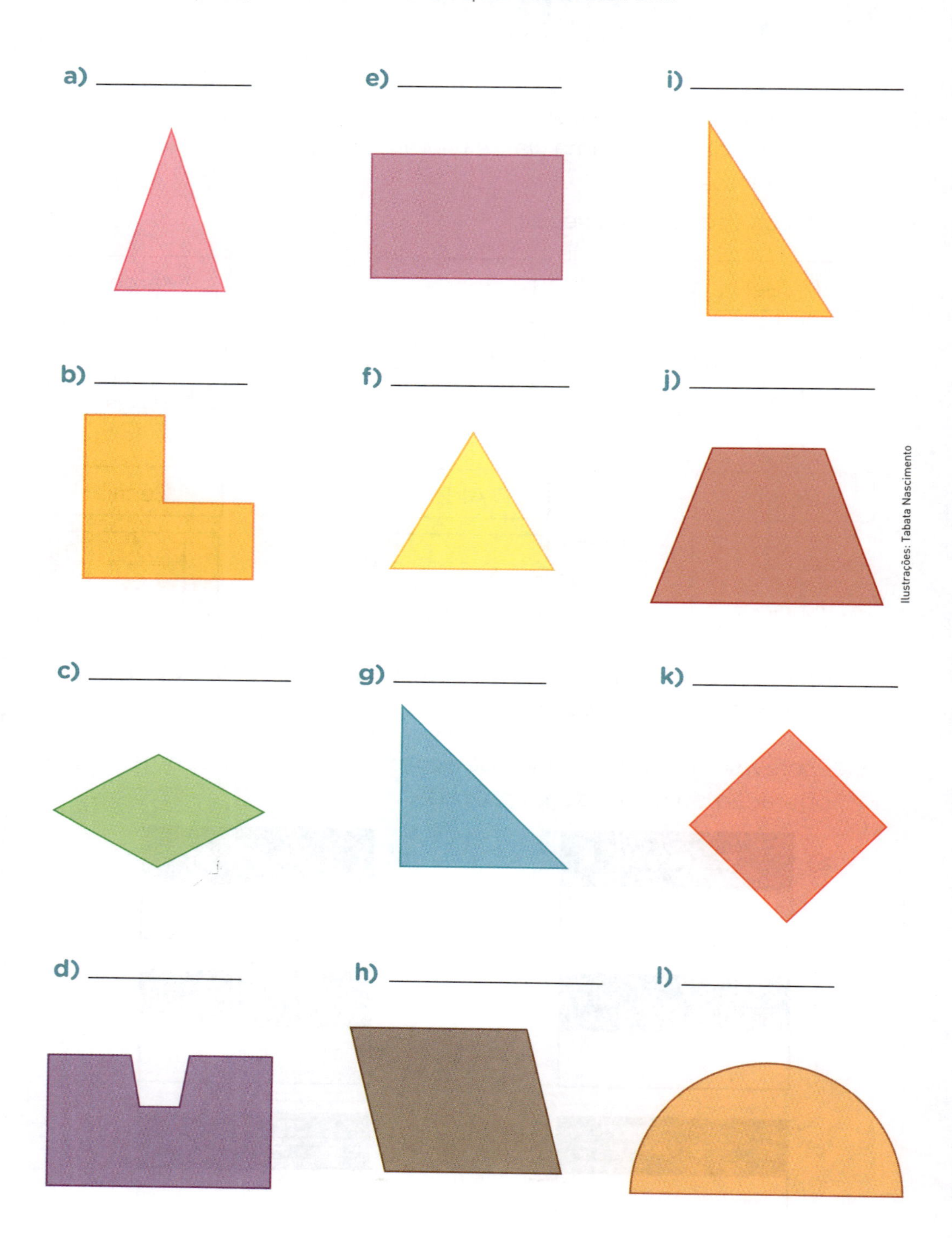

DESAFIOS POSSIBILIDADES

1. Maria vai colocar esses livros em pé em uma prateleira da estante.

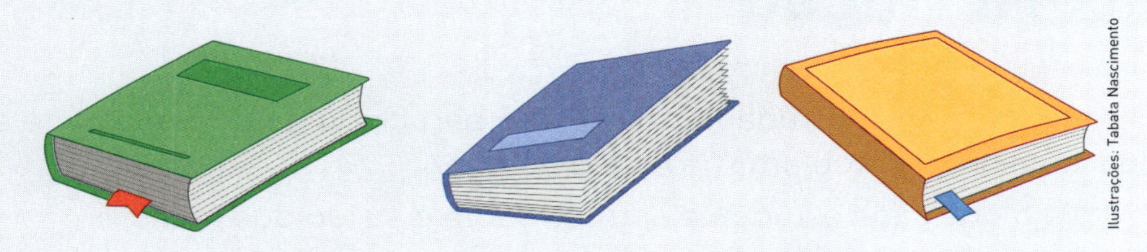

Ilustrações: Tabata Nascimento

Antes de colocá-los, ela desenhou um esquema com as possíveis posições e pintou a primeira possibilidade. Veja e pinte as demais.

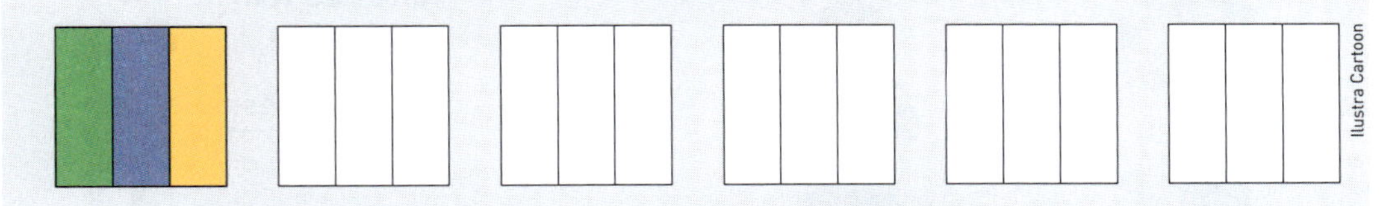

Ilustra Cartoon

2. O jogo das fichas coloridas

As figuras abaixo indicam como são "quadros vizinhos" no painel desse jogo.

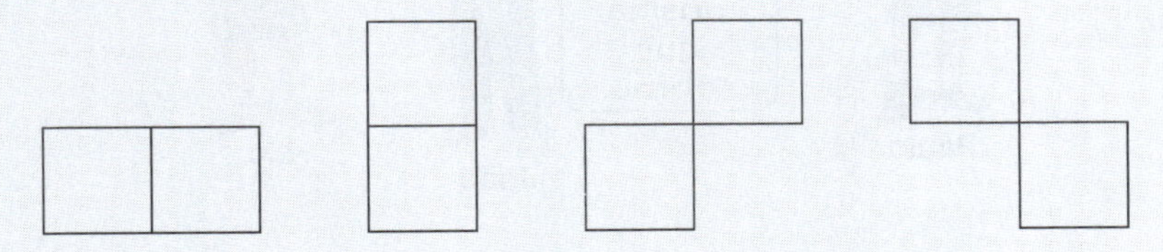

Observe o quadro a seguir.

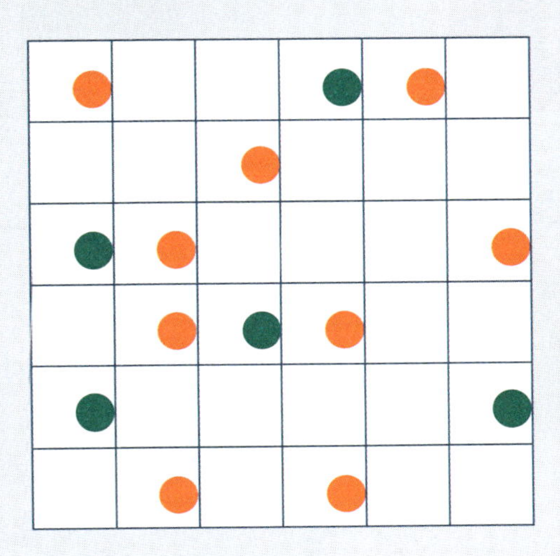

a) Desenhe 3 fichas azuis no painel, de modo que todas as fichas laranjas, já colocadas, tenham 1 ficha azul em um quadro vizinho.

b) Desenhe 1 ficha amarela que tenha 1 ficha verde, 1 ficha azul e 4 fichas laranjas em seus quadros vizinhos.

EF06MA17

IDENTIFICAÇÃO DE SÓLIDOS GEOMÉTRICOS

Uma equipe de estudantes do 6º ano participou de uma atividade em que cada um montou um sólido geométrico.

Leia o que cada estudante afirmou sobre o sólido que montou.

Ilustra Cartoon

1. Observe os desenhos dos sólidos montados e, em cada um, escreva o nome do estudante que o montou.

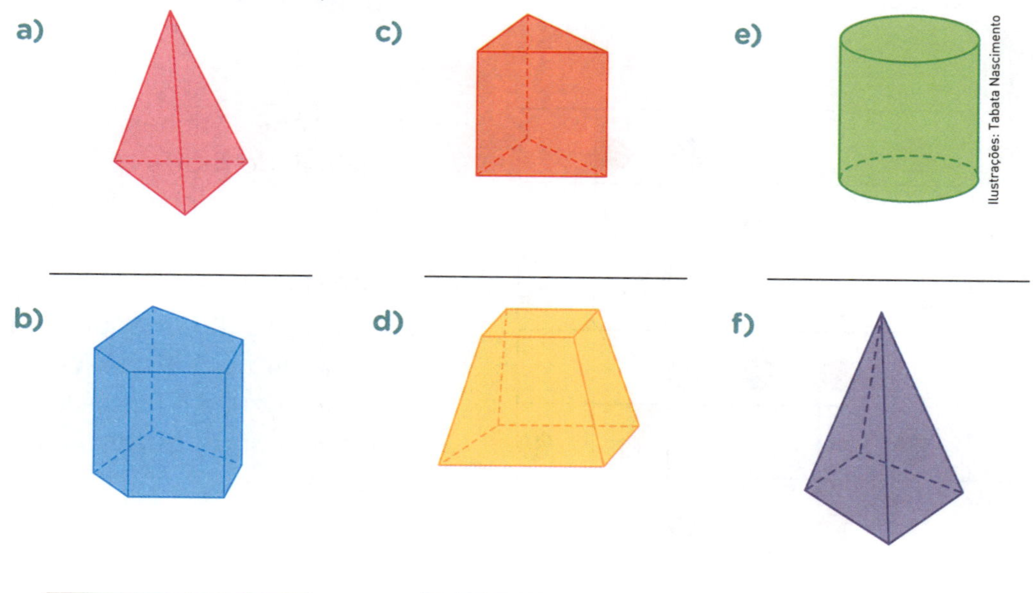

Ilustrações: Tabata Nascimento

EF06MA03

RESOLVER PROBLEMAS

1. A classe de Annelise está fazendo fichas para um jogo matemático. Em cada folha de sulfite cabem 8 fichas. Para o jogo serão necessárias 60 fichas. Quantas folhas de sulfite será preciso comprar para fazer esse jogo?

Resposta: ______________________.

2. Determine quantos jornais por semana vende uma banca sabendo que ela vende 150 jornais por dia, de segunda-feira a sábado, e, no domingo, vende 100 jornais a mais do que em cada um dos outros dias.

Resposta: ______________________.

3. Felipe e Josué estão colecionando o mesmo tipo de figurinha. Felipe já tem 190 figurinhas coladas no álbum, e Josué tem 178. Se Felipe conseguir 28 figurinhas não repetidas fazendo trocas com seus colegas de escola e Josué conseguir 37:

a) qual dos dois ficará com mais figurinhas no álbum?

Resposta: ______________________.

b) quantas ele terá a mais que o outro?

Resposta: ______________________.

c) quantas faltarão ainda, para Felipe e Josué, se o total de figurinhas do álbum for 300?

Resposta: ______________________.

d) quantos pacotes Felipe ainda precisará comprar se cada um vem com 2 figurinhas, mas uma é sempre repetida?

Resposta: ______________________.

e) quanto Felipe gastará se cada pacote custa R$ 0,20?

Resposta: ______________________.

4. Luís tem 7 anos a mais que o triplo da idade de Gustavo. Os dois juntos têm 55 anos. Qual é a idade de cada um?

Resposta: ______________________
______________________________.

TABELAS E GRÁFICOS EM PESQUISA

EF06MA33

Uma pesquisa foi realizada em 3 classes de 6º ano de uma escola (6º A, 6º B e 6º C). A pergunta da pesquisa foi:

> Entre vôlei, basquete e natação, qual é seu esporte favorito?

1. Complete as três tabelas com os números que faltam. Depois, ligue cada tabela com o gráfico correspondente.

Esportes	Votos	Total
Vôlei (V)		10
Basquete (B)		
Natação (N)		

Votantes: ____________

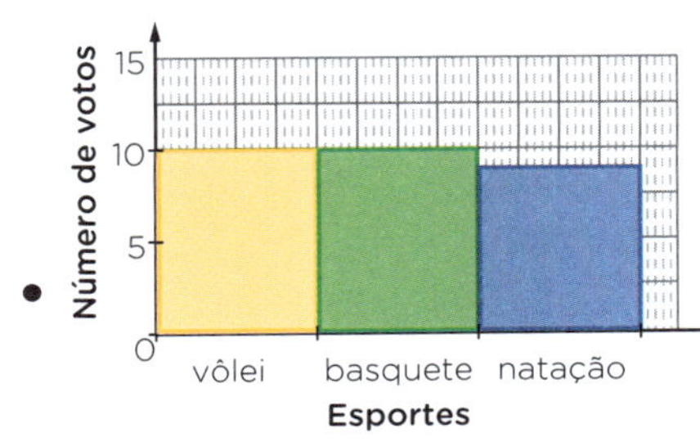

Total de votos no 6º ________

Esportes	Votos	Total
Vôlei (V)		
Basquete (B)		
Natação (N)		

Votantes: ____________

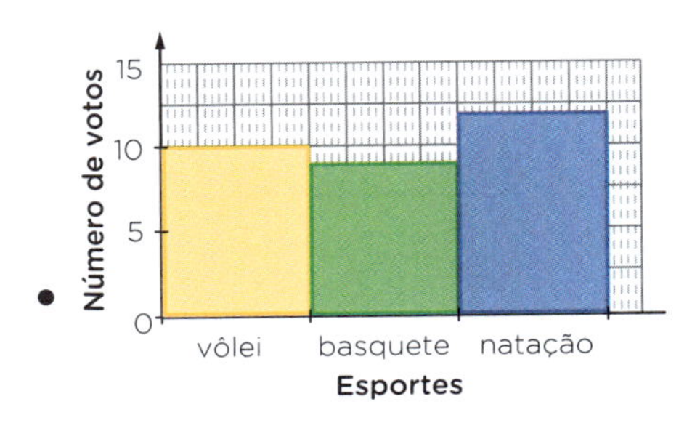

Total de votos no 6º ________

Esportes	Votos	Total
Vôlei (V)		
Basquete (B)		
Natação (N)		

Votantes: ____________

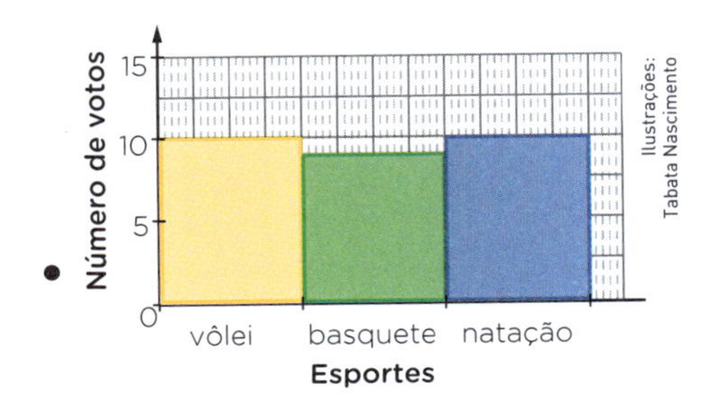

Ilustrações: Tabata Nascimento

Total de votos no 6º ________

2. Agora, registre a letra de cada classe (A, B ou C), considerando as afirmações a seguir.

- A classe com o maior número de votantes é o 6º B.
- O número de votos para vôlei e basquete foi o mesmo no 6º A.

Por último, indique a correspondência entre a letra da classe e o gráfico.

EF06MA23, EF06MA26 e EF06MA27

CONSTRUÇÃO DE ÂNGULOS

Os esquadros que usamos são de dois tipos.

Observe as figuras a seguir e as medidas das aberturas dos ângulos.

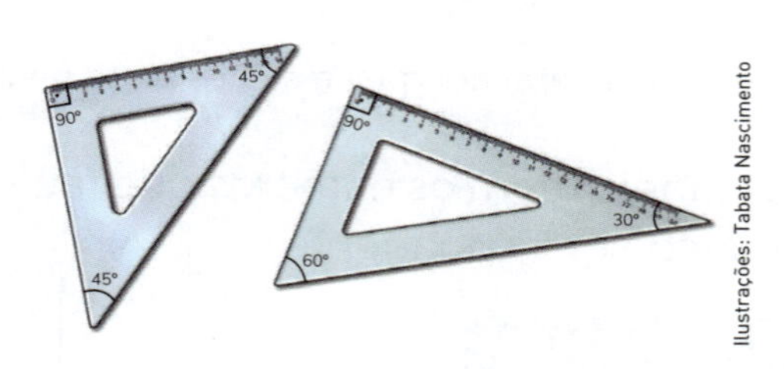

Ilustrações: Tabata Nascimento

Fazendo "montagens" com esses esquadros, podemos obter vários ângulos.

Veja um exemplo:

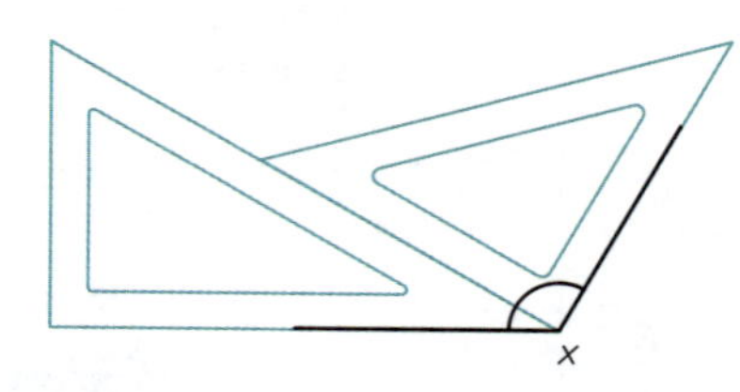

Eliminando os esquadros, fica assim:

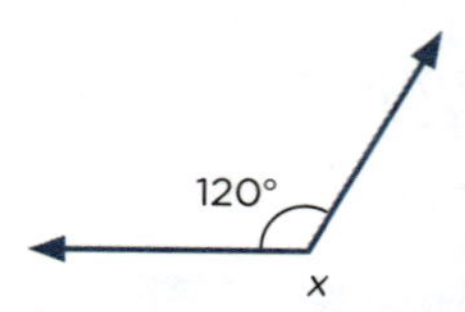

$x =$ ________ + ________ = ________

a) Descubra a medida x em mais esses casos. Registre o cálculo e o valor de x.

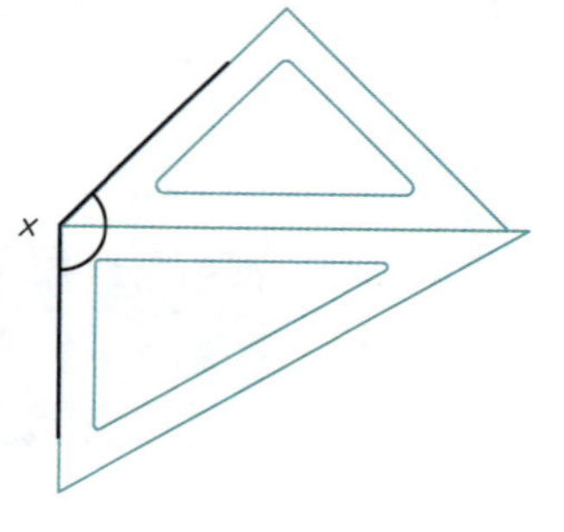

Eliminando os esquadros:

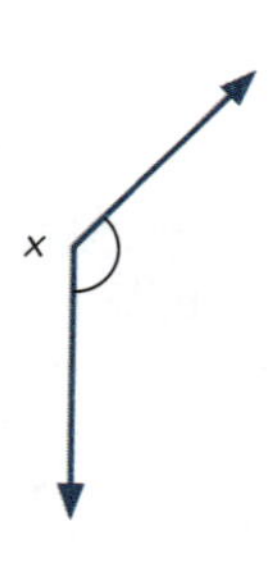

$x =$ ________ + ________ = ________

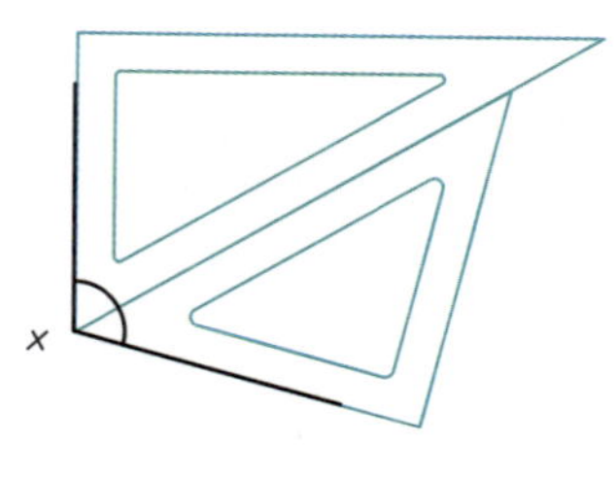

Eliminando os esquadros:

$x =$ ________ + ________ = ________

b) Agora, descreva o processo para obter um ângulo de 75° usando os dois esquadros.

____

____

c) Por último, use 2 esquadros e construa, em uma folha de papel sulfite, todos os ângulos mostrados aqui (120°, 135°, 105° e 75°) e também um ângulo de 150°.

DUAS EM TRÊS

EF06MA03

Em cada item, temos três operações, mas somente duas delas satisfazem à condição indicada. Pinte ou assinale os dois quadrinhos que correspondem a elas.

a) As que têm resultados iguais.

$160 - 106$	4^3	$1408 : 22$

b) As que têm centena exata como resultado.

$112 + 88$	20^2	$6 \cdot 15$

c) As que têm resultado maior que 1000.

$41 \cdot 28$	$474 + 517$	33^2

d) As que são divisões exatas.

$396 : 9$	$996 : 5$	$713 : 31$

e) As divisões com restos iguais.

$94 : 7$	$368 : 7$	$1\,145 : 7$

f) As que têm resultados ímpares.

$387 - 46$	$806 + 19$	$5 \cdot 144$

EF06MA23 e EF06MA25

À PROCURA DOS ÂNGULOS NAS FIGURAS

Observe a posição de cada ângulo em relação ao transferidor e escreva sua medida. Depois, realize a correspondência com a figura na qual ele aparece com a medida x. Para descobrir o valor de x, faça cálculos ou meça com transferidor.

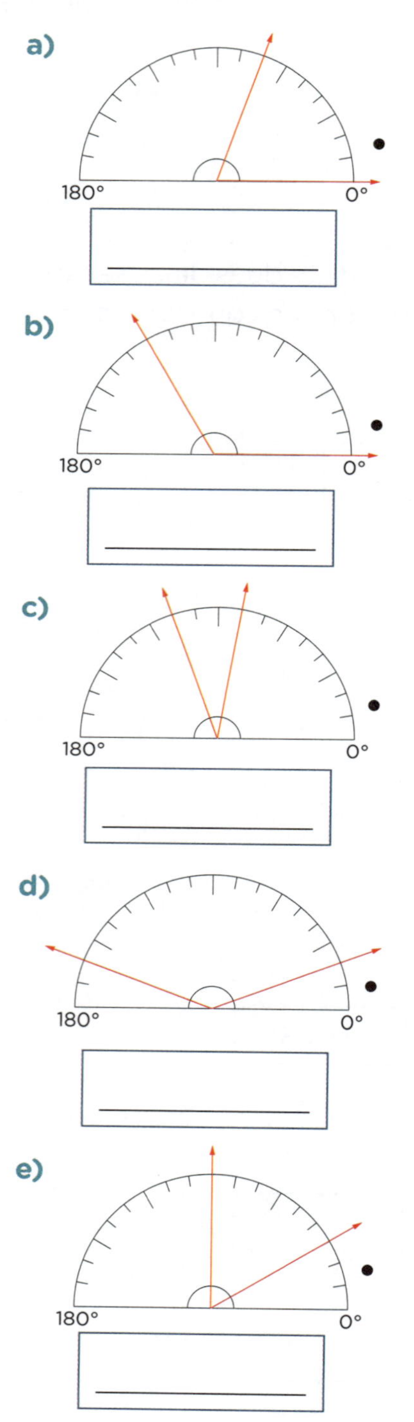

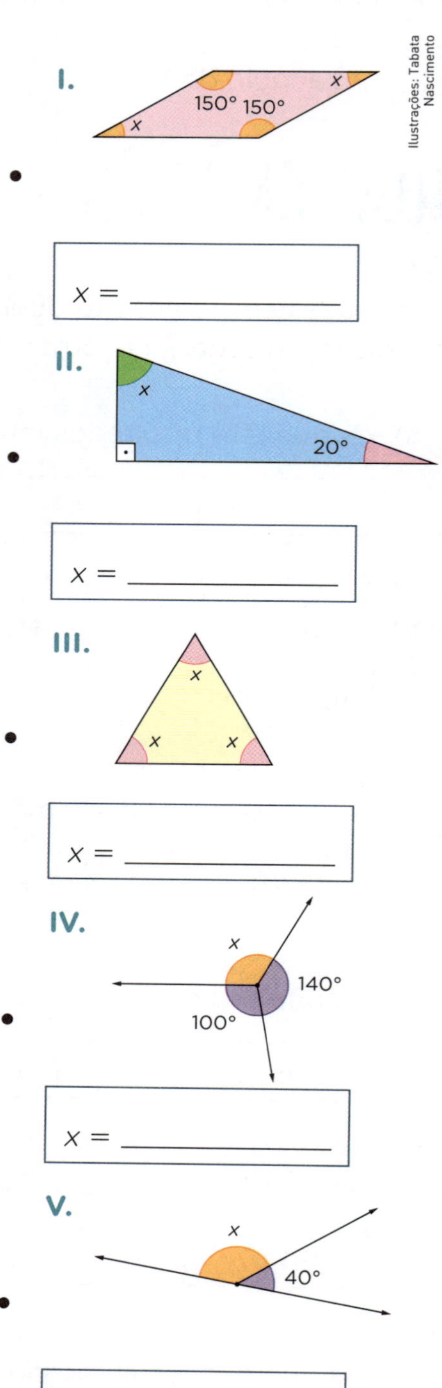

Ilustrações: Tabata Nascimento

Use o fato citado pelo menino para resolver os 3 desafios abaixo.

1. Usando 3 lápis de cores diferentes, pinte com a mesma cor as faces opostas de um dado.

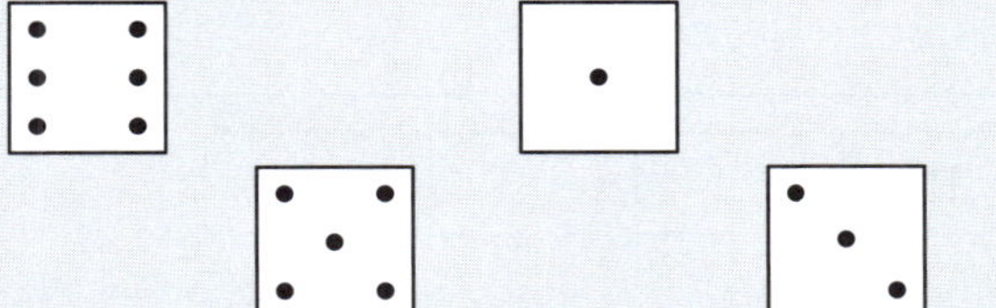
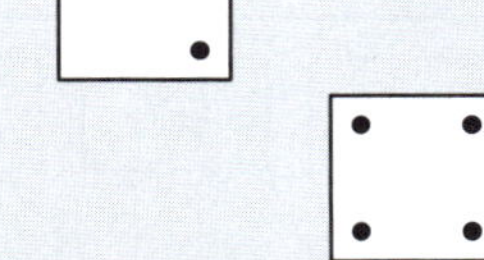

2. Faça o mesmo com as duas vistas do dado a seguir.

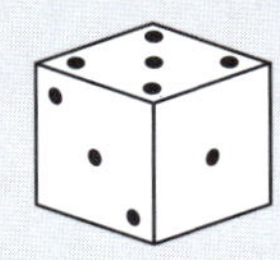

3. Raquel está montando seu dado com todas as faces em amarelo. Veja o desenho do molde que ela já fez e marque os pontos nas faces que estão faltando.

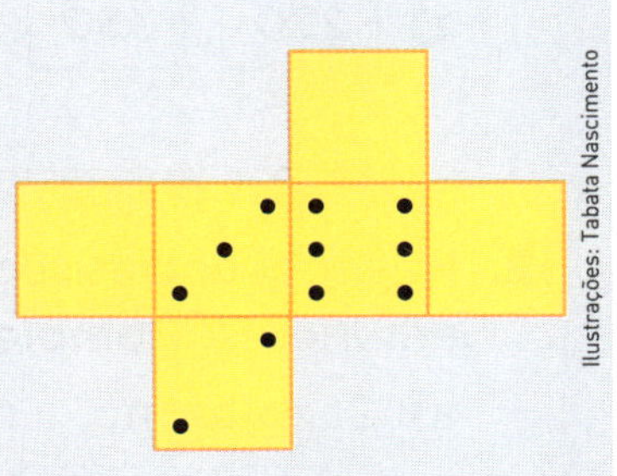

Ilustrações: Tabata Nascimento

4. Pedro tem dois dados: um com todas as faces verdes e outro com todas as faces marrons.

Quando lançou os dois dados e verificou que a soma dos pontos obtidos nas faces de cima foi 8, ele representou esse lançamento assim:

 e 

Represente as demais possibilidades de se obter soma 8.

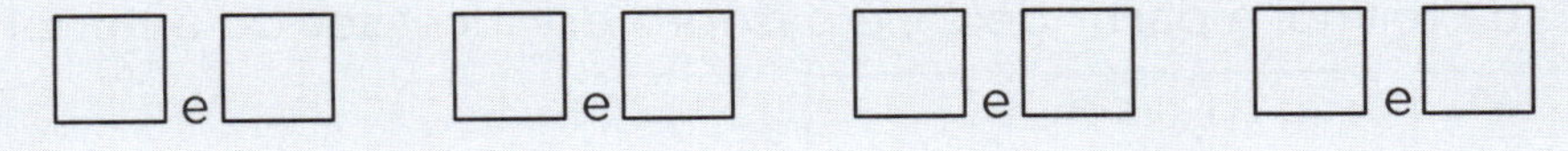

EF06MA03

É HORA DE COMPLETAR SEQUÊNCIAS

1. Nas sequências abaixo, cada termo corresponde ao anterior, somado, subtraído, multiplicado ou dividido sempre pelo mesmo número. Complete cada uma de acordo com os casos a seguir.

a) 375, 350, 325, ____, ____ e ____

____

b) 12, 36, 108, ____, ____ e ____

____

c) 75, 97, 119, ____, ____ e ____

____

d) 1024, 256, 64, ____, ____ e ____

____

e) 220, 330, 440, ____, ____ e ____

____

2. Nas sequências seguintes, cada termo é determinado usando termos anteriores. Complete-as.

a) Cada termo, a partir do 2º, é o triplo do anterior.

2, ____, ____, ____ e ____

b) Cada termo, a partir do 3º, é a soma dos dois anteriores.

1, 1, ____, ____ e ____

c) Cada termo, a partir do 3º, é a soma de todos os anteriores.

1, 1, ____, ____ e ____

d) Cada termo, a partir do 2º, é o sucessor do dobro do anterior.

5, ____, ____, ____ e ____

e) Cada termo, a partir do 2º, é o dobro do sucessor do anterior.

5, ____, ____, ____ e ____

ÂNGULOS EM TRAJETOS

EF06MA23

No trajeto abaixo, para ir de *A* até *E*, houve mudança de direção em *B*, *C* e *D*.

Veja a figura correspondente e o nome do ângulo formado em *B*, *C* e *D*.

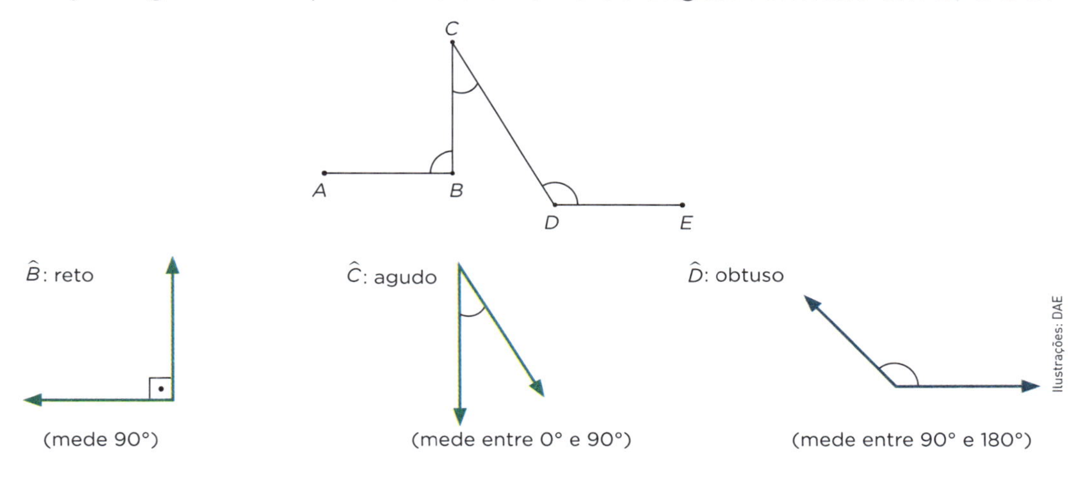

1. Nos itens a, b e c a seguir, registre o tipo de ângulo formado em $\widehat{B}$, $\widehat{C}$ e $\widehat{D}$ (reto, agudo ou obtuso).

No item d, marque os pontos *B*, *C* e *D* e trace o trajeto de modo que $\widehat{B}$, $\widehat{C}$ e $\widehat{D}$ sejam dos tipos indicados.

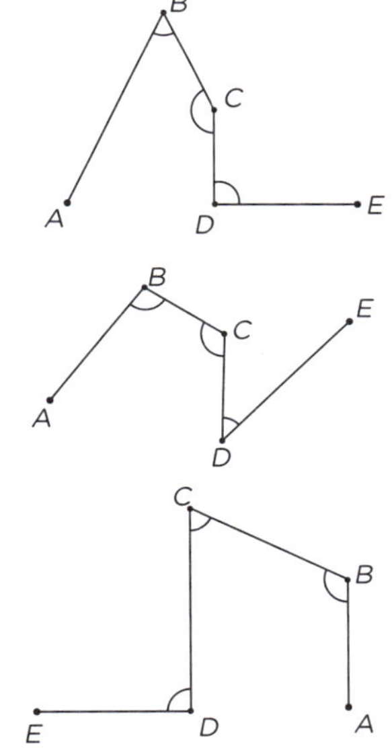

a) $\widehat{B}$: ______________

$\widehat{C}$: ______________

$\widehat{D}$: ______________

b) $\widehat{B}$: ______________

$\widehat{C}$: ______________

$\widehat{D}$: ______________

c) $\widehat{B}$: ______________

$\widehat{C}$: ______________

$\widehat{D}$: ______________

d) $\widehat{B}$: reto

$\widehat{C}$: agudo

$\widehat{D}$: reto

EF06MA18

NENHUM, SÓ UM OU MAIS DO QUE UM

Analise os desenhos de contornos abaixo.

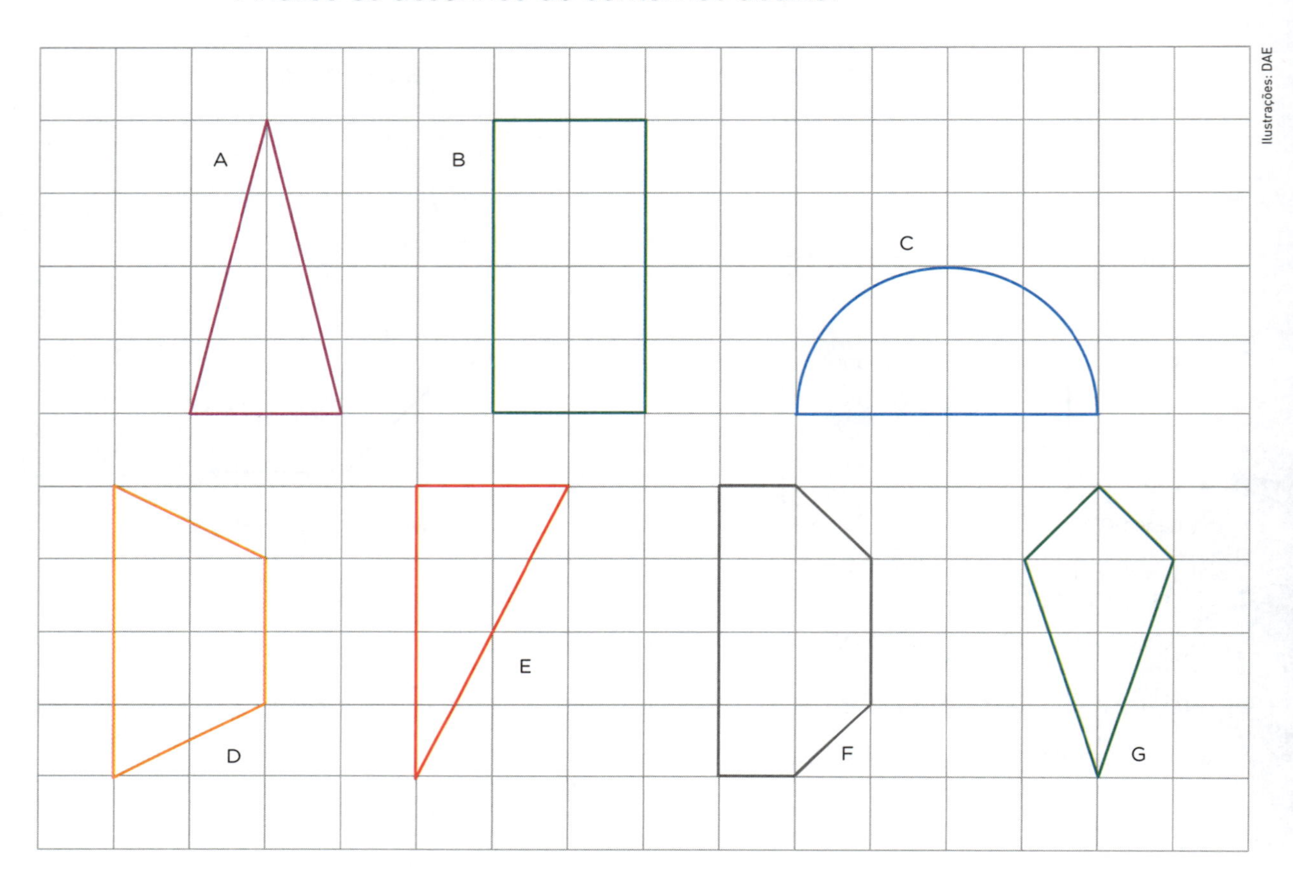

Verifique se a citação em cada item se refere a nenhum dos contornos, a só um ou a mais de um. No caso de um só, cite a letra do contorno, e no caso de mais de um, cite as letras.

a) Contorno que não é polígono. ______

b) É triângulo. ______

c) É pentágono. ______

d) Tem ângulo reto. ______

e) Tem 4 ângulos retos. ______

f) Tem 1 só ângulo reto. ______

g) É trapézio. ______

h) É quadrilátero. ______

i) É polígono regular. ______

DESAFIO FIGURAS COM PALITOS

1. Faça a construção abaixo com palitos de mesmo tamanho.

   O desafio é este: mudar a posição de 3 palitos de modo que, na nova construção, haja 5 triângulos e não 3, como na figura inicial. Desenhe a seguir a construção obtida.

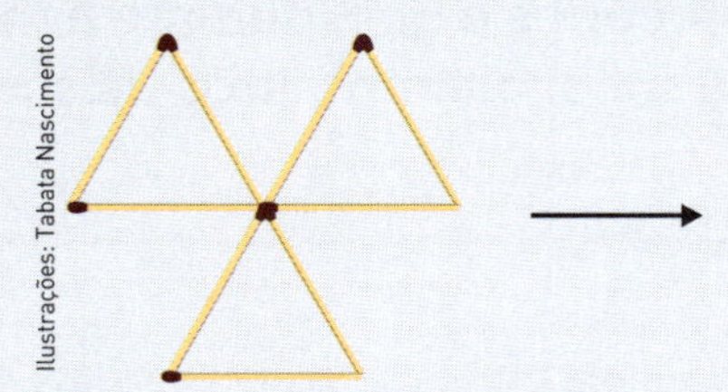

Ilustrações: Tabata Nascimento

2. Observe, agora, a seguinte figura a ser construída.

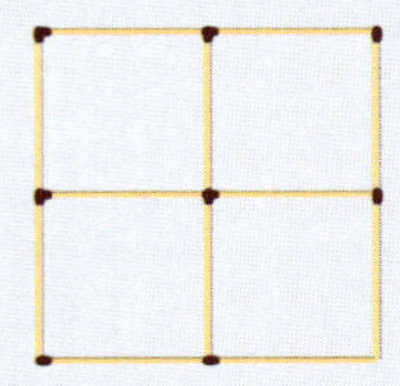

   Ela tem 5 quadrados: a figura toda e mais os quadrados menores.

   Em cada um dos três desafios a seguir, construa a figura obtida e depois faça o desenho dela.

   a) Mude a posição de 3 palitos para obter apenas 3 quadrados.

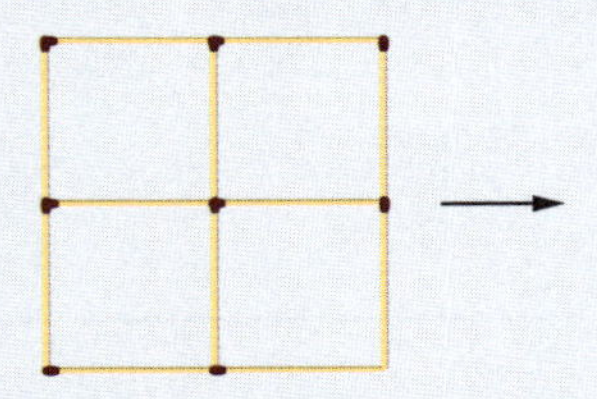

   b) Obtenha também 3 quadrados, mas mudando a posição de 4 palitos.

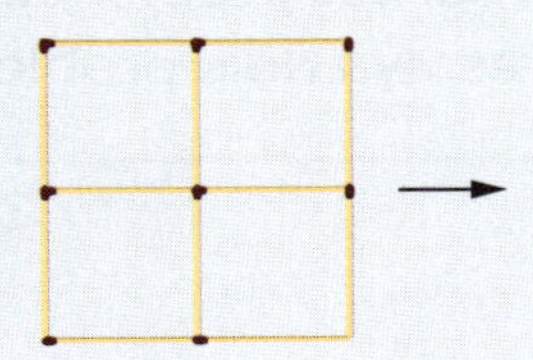

   c) Retire 2 palitos e obtenha apenas 2 quadrados.

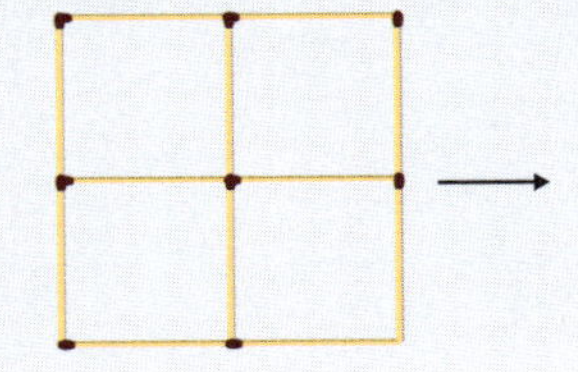

EF06MA03

RESOLVER PROBLEMAS

1. Uma escola serve merenda a 144 estudantes diariamente. Sabendo que 1 litro de suco dá para 4 copos e que, durante a merenda, cada estudante recebe 1 copo de suco, quantos litros de suco são necessários por dia?

2. Na classe de Pedrinho há 37 estudantes. Como choveu, faltaram 5 colegas. A professora pediu aos estudantes que formassem equipes de 4 para resolver problemas. Quantos problemas a professora precisa ter para que cada equipe resolva dois problemas diferentes?

3. Annelise tinha cinco moedas de R$ 1,00, cinco notas de R$ 5,00 e cinco notas de R$ 10,00. Mostre todas as maneiras que ela poderia usar para pagar um livro que custa R$ 25,00, de modo que não haja troco.

4. Foram convidadas 27 crianças para o aniversário de Paulinho. O pai dele vai alugar mesas quadradas para fazer uma longa fila, colocando-as lado a lado, uma encostada na outra. Cada lado disponível da mesa será ocupado por uma única criança contando Paulinho e os convidados. Qual é o menor número possível de mesas que ele deverá alugar? Faça um desenho para conferir sua resposta.

EF06MA24

MEDIDAS DE PERÍMETRO E DE ÁREA EM FIGURAS PLANAS

Imagine que as malhas quadriculadas abaixo sejam de quadradinhos com lados de 1 cm.

1. Analise as regiões planas I, II e III, verifique e responda às questões a seguir.

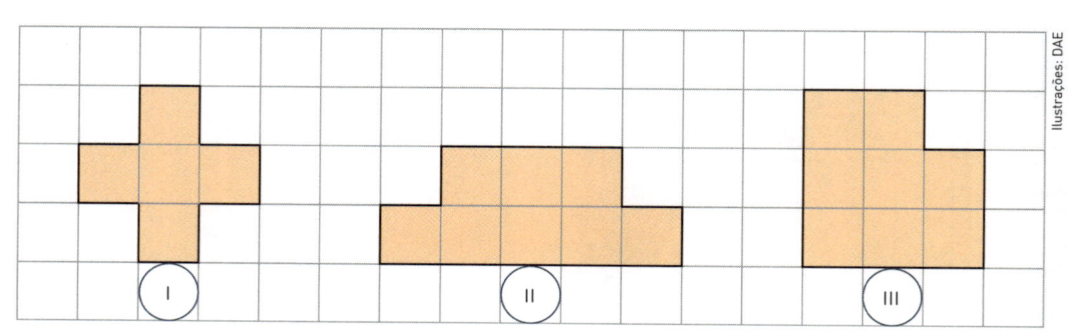

a) Quais regiões têm a mesma medida de perímetro? ______________

Qual é essa medida de perímetro? ______________

b) Quais as duas que têm a mesma medida de área? ______________

Qual é essa medida de área? ______________

2. Considere as figuras abaixo e resolva as questões seguintes.

a) Qual é a medida do perímetro da região retangular azul? ______________

b) Desenhe uma região quadrada azul com essa mesma medida.

c) Qual é a medida da área da região quadrada verde? ______________

d) Desenhe uma região retangular verde com medida de largura de 1 cm e medida de área igual à da região quadrada verde.

PERÍMETRO E ÁREA EM AMPLIAÇÃO E REDUÇÃO DE FIGURAS

EF06MA29

Dayane Raven

Quando mantemos os ângulos e dobramos, triplicamos, quadriplicamos, reduzimos à metade, à terça parte, à quarta parte etc. as medidas de comprimento dos lados de uma figura, o que acontece com a medida do perímetro? E com a medida da área? Vamos verificar?

1. Observe o quadrado abaixo e, a partir dele, desenhe outro quadrado dobrando as medidas de comprimento dos lados.

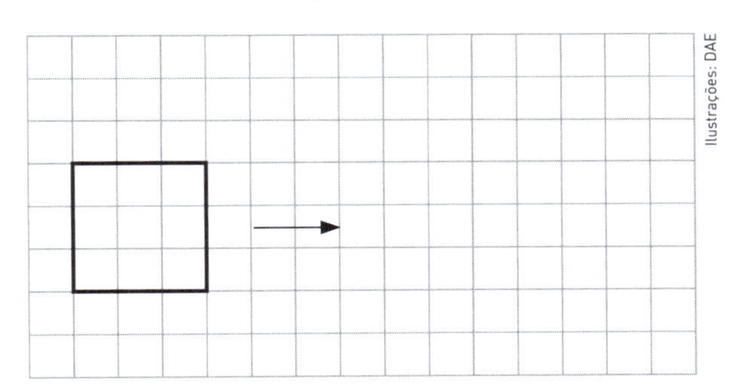
Ilustrações: DAE

- $P =$ ________ unidades de medida de comprimento da figura inicial.
- $P =$ ________ unidades de medida de comprimento da figura obtida.
- $A =$ ________ unidades de medida de área da figura inicial.
- $A =$ ________ unidades de medida de área da figura obtida.

Agora, registre a medida do perímetro (P) e a medida da área (A) da figura inicial e da figura obtida e responda às questões a seguir.

a) A medida do perímetro também dobrou?

Resposta: ____

b) E a medida da área?

Resposta: ______________________________

2. Nesta atividade, considere a região retangular dada, reduza a medida dos lados à terça parte e faça os mesmos procedimentos da atividade anterior.

- $P =$ ________ u
- $A =$ ________ u^2
- $P =$ ________ u
- $A =$ ________ u^2

A medida do perímetro ficou reduzida à terça parte?

E a medida da área?

EF06MA15

ELABORAR PROBLEMAS

Complete cada problema de acordo com a resposta dada. A pergunta do problema é sempre a seguinte:

Quantas figurinhas cada criança recebeu?

1.

_________ figurinhas foram repartidas entre duas crianças.

___________ recebeu _________ figurinhas a mais do que ___________.

Resposta: João recebeu 5 figurinhas e Rute 12 figurinhas.

2.

_________ figurinhas foram repartidas entre duas crianças.

___________ recebeu o triplo das figurinhas de ___________.

Resposta: Ana recebeu 6 figurinhas e Pedro 18 figurinhas.

3.

_________ figurinhas foram repartidas entre três crianças.

___________ recebeu metade das figurinhas e ___________ recebeu 1 figurinha a menos do que ___________.

Resposta: Vera recebeu 7 figurinhas, Enzo recebeu 3 figurinhas e Mara recebeu 4 figurinhas.

4.

_________ figurinhas foram repartidas entre três crianças.

___________ recebeu o dobro de ___________, que recebeu o triplo de ___________.

Resposta: Rui recebeu 9 figurinhas, Laura recebeu 18 figurinhas e Carlos recebeu 3 figurinhas.

DEDUÇÕES LÓGICAS

CONTANDO

Ilustra Cartoon

1. No caminho de sua casa até a escola, Alfredo contou 6 árvores, todas à sua direita. No caminho de volta, ele contou 6 árvores, todas à sua esquerda.

   Quantas são as árvores da casa de Alfredo até a escola?

   ____

2. Na sala de aula de Renata, há uma caixa com esferas, cones e cilindros.

?

?

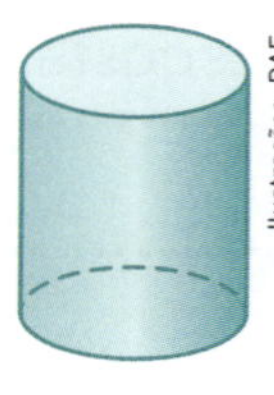
?

Ilustrações: DAE

Nessa caixa:

- todos os sólidos, menos 6, são esferas;
- o número de cones é 1 a menos que o de esferas;
- o número de cilindros é 1 a mais que o de esferas.

Complete: Na caixa, há ________ sólidos geométricos, sendo ________ esferas, ________ cones e ________ cilindros.

3. Veja, a seguir, as bolinhas coloridas de mesmo tamanho e mesmo peso que Lúcio vai retirar de um saquinho, sem olhar.

Responda às questões abaixo.

a) Quantas bolinhas ele deve retirar para ter certeza de que pelo menos uma delas é azul?

____

b) Quantas bolinhas ele deve retirar para ter certeza de que há pelo menos duas com a mesma cor?

____

CÁLCULO MENTAL

VALOR MÁXIMO E VALOR MÍNIMO

1. Marta vai colocar essas moedas em um saquinho e fazer algumas retiradas. Qual é o valor máximo e mínimo que pode ser obtido? Complete as lacunas.

Banco Central do Brasil

a) Retirando 3 moedas

valor máximo: __________.

valor mínimo: __________.

b) Retirando 4 moedas

valor máximo: __________.

valor mínimo: __________.

2. Juntando o conteúdo de dois desses galões, qual é o valor máximo e mínimo que pode ser obtido? Complete as lacunas.

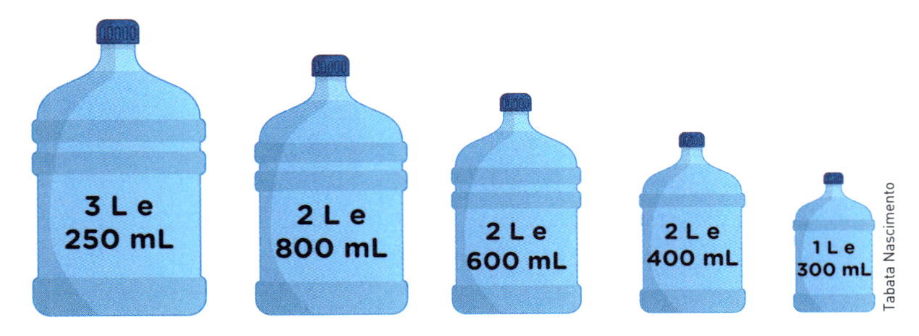

Tabata Nascimento

- Valor máximo: __________.
- Valor mínimo: __________.

3. Em uma sala estão: 1 avô, 2 pais, 2 filhos e 1 neto.

a) Qual é o número máximo de pessoas que podem estar nessa sala?

____

b) Qual é o número mínimo de pessoas que podem estar nessa sala?

____

____

EF06MA05

LER E INTERPRETAR. DEPOIS, COMPLETAR E JUSTIFICAR

1. Leia com atenção a pergunta que a professora formulou e as respostas corretas dadas por Raul e Lara.

Que afirmação podemos fazer quando a divisão de um número natural por outro é exata, ou seja, tem resto zero em ℕ?

O 1º número é múltiplo do 2º número.

O 2º número é divisor do 1º número.

Ilustrações: Ilustra Cartoon

2. Agora, complete com uma das afirmações abaixo.

é múltiplo | **é divisor** | **não é múltiplo nem divisor**

Justifique indicando a divisão.

- 28 ____________________ de 7
  ____
- 5 ____________________ de 30
  ____
- 4 ____________________ de 14
  ____
- 3 ____________________ de 6
  ____
- 184 ____________________ de 8
  ____
- 12 ____________________ de 262
  ____

3. Finalmente, complete as afirmações feitas por Beto e Nina.

O número ____________ é múltiplo de todos os números naturais diferentes de zero.

O número ____________ é divisor de todos os números naturais.

BETO

NINA

Ilustra Cartoon

REGULARIDADE EM SEQUÊNCIAS DOS MÚLTIPLOS DE NÚMEROS NATURAIS

EF06MA06

A professora pediu aos estudantes que escrevessem a sequência dos números naturais que são múltiplos de 6.

Ilustrações: Ilustra Cartoon

Eu comecei pelo zero e, a partir do 2º termo, fui somando 6 ao termo anterior.

M(6): 0, 6, 12, 18, 24, ...

6 = 0 + 6; 12 = 6 + 6; 18 = 12 + 6; 24 = 24 + 6

Eu multipliquei 6 por todos os números da sequência dos números naturais.

M(6): 0, 6, 12, 18, 24, ...

6 = $6 \cdot 1$; 12 = $6 \cdot 2$; 18 = $6 \cdot 3$; 24 = $6 \cdot 4$

Eu coloquei o zero, depois o 6, depois o dobro de 6, depois o triplo de 6, e assim por diante.

M(6): 0, 6, 12, 18, 24, ...

12 = $2 \cdot 6$; 18 = $3 \cdot 6$; 24 = $4 \cdot 6$

1. Construa as sequências abaixo.

a) Múltiplos de 9 pelo processo usado por Lia.

M (9): ______________________________.

b) Múltiplos de 8 pelo processo usado por Paulo.

M (8): ______________________________.

c) Múltiplos de 20 pelo processo usado por Beto.

M (20): ______________________________.

2. Construa as sequências a seguir pelo processo que você quiser.

a) M (12): ______________.

b) M (7): ______________.

c) M (38): ______________.

d) M (25): ______________.

EF06MA06

REGULARIDADE

EM SEQUÊNCIAS DOS DIVISORES DE UM NÚMERO NATURAL

Ao escrever a sequência dos divisores de 16, com os números na ordem crescente, Vitor percebeu um detalhe. Veja a seguir.

D (16): 1, 2, 4, 8, 16

$1 \cdot 16 = 16$

$2 \cdot 8 = 16$

$4 \cdot 4 = 16$

1. Será que essa regularidade acontece sempre? Verifique nas sequências de divisores a seguir, completando as lacunas.

a) D (10): 1, 2, 5, 10

$1 \cdot 10 =$ ______

$2 \cdot 5 =$ ______

b) D (9): 1, 3, 9

____ · ____ = ____

____ · ____ = ____

c) D (30): 1 , 2 , 3 , 5 , 6 , 10 , 15 , 30

$1 \cdot 30 =$ ______

$2 \cdot 15 =$ ______

$3 \cdot 10 =$ ______

$5 \cdot 6 =$ ______

d) D (27): 1, 3, 9, 27

____ · ____ = ____

____ · ____ = ____

2. Agora, escreva os divisores e confira a regularidade.

- D (25): ________________.

- D (28): ________________.

3. Nesta atividade, use a regularidade verificada e complete as sequências de divisores a seguir com os números na ordem crescente.

- D (______): ______, 7, ______.

- D (______): ______, 2, ______, 6, 7, 14, ______, ______.

- D (______): ______, 3, ______, ______, 81.

EF06MA05

MÚLTIPLOS E DIVISORES DE NÚMEROS NATURAIS EM MEDIDAS

Vamos completar as lacunas!

As sentenças serão completadas com **é múltiplo**, **é divisor** ou **não é múltiplo nem divisor**.

1. Complete com tudo que falta em cada item, usando todos os quadrinhos.

   a) Cada centímetro tem [10] milímetros.

   Então, [40] mm correspondem a [4] cm.

   40 ______________________ de 4

   10 ______________________ de 40

   4 ______________________ de 10

   b) Cada hora tem [ ] minutos.

   Então, em [4] horas há [240] minutos.

   c) Cada litro tem [ ] mililitros.

   [3] L têm [3000] mL e [5000] mL correspondem a [5] L

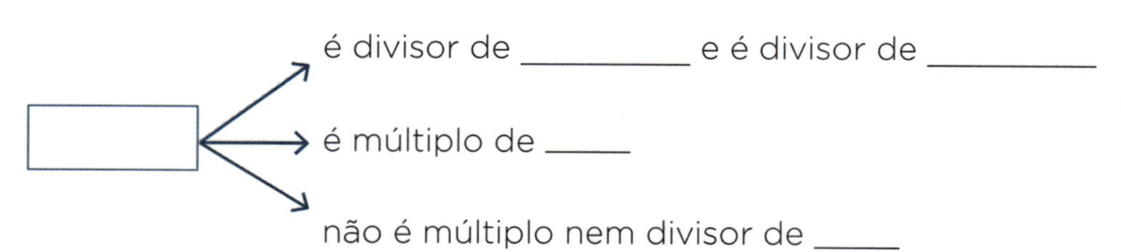

DESAFIO

1. Coloque os números naturais de 1 a 10 nos círculos indicados, de modo que números vizinhos não estejam ligados por traços azuis. Por exemplo: 3 e 4 não podem estar ligados.

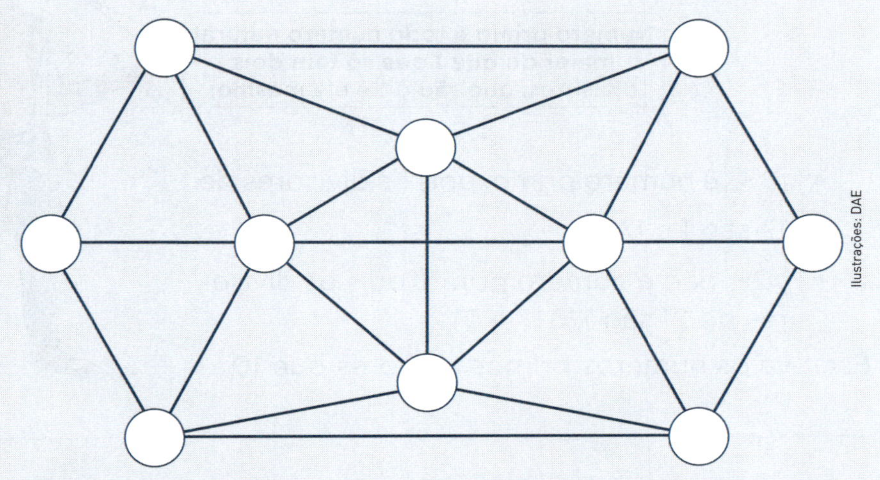

Ilustrações: DAE

2. Das três figuras abaixo, há uma que é impossível de ser traçada sem passar pelo mesmo trecho e sem tirar o lápis do papel. Indique a figura.

   Depois, nas outras, mostre que é possível indicando um roteiro para a construção.

   a)

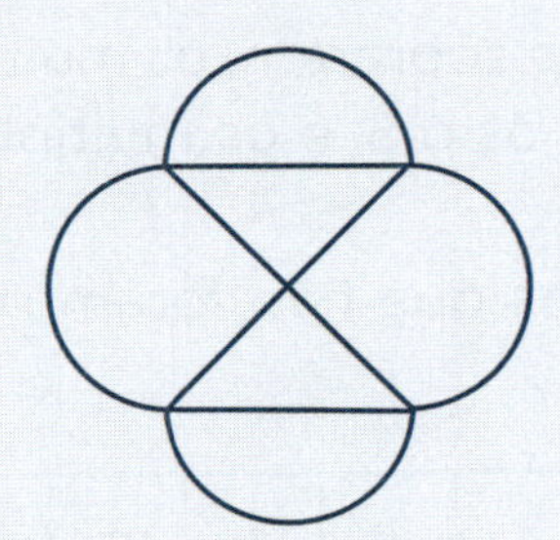

   b)

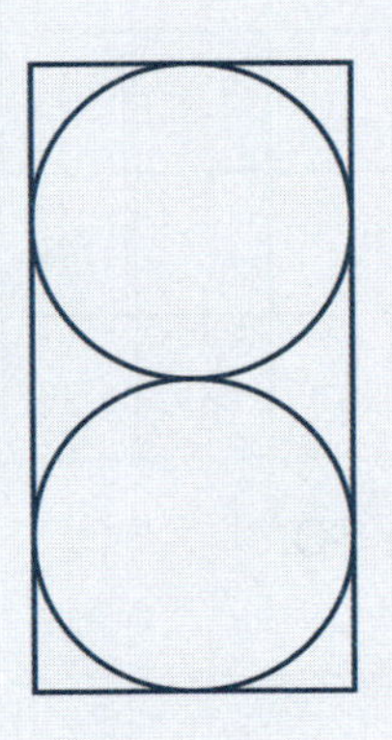

   c)

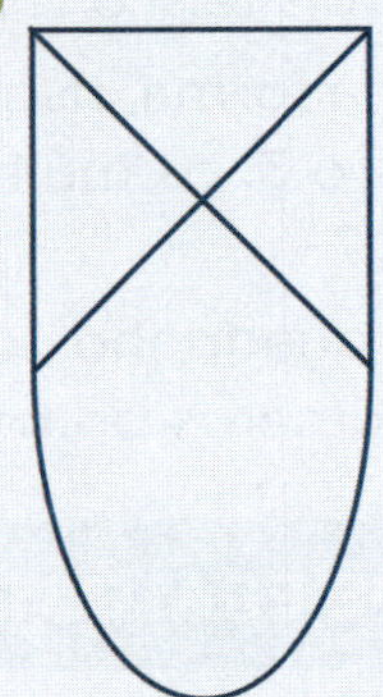

EF06MA05

VOCÊ CONHECE?

NÚMEROS PRIMOS

1. Veja o que diz Marta:

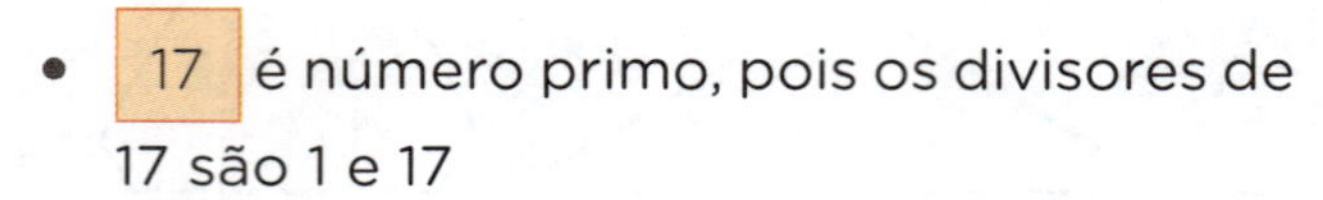

- 17 é número primo, pois os divisores de 17 são 1 e 17
- 21 não é número primo, pois os divisores de 21 são 1, 3 ,7 e 21

Escreva os números primos menores que 10.

____

2. Você já ouviu falar no Crivo de Eratóstenes?

É um processo que permite descobrir quais são os números primos. Vejamos os números primos até 50.

- Complete o quadro abaixo com os números naturais de 2 até 50.
- Risque todos os múltiplos de 2, menos o 2. Eles não são números primos, pois têm o 2 como divisor.
- Da mesma forma, risque, entre os que sobraram, os múltiplos de 3, menos o 3; os múltiplos de 5, menos o 5; e os múltiplos de 7, menos o 7.
- Pinte os quadrinhos com os números que não foram riscados. São os números primos até 50.

CRIVO DE ERATÓSTENES							2	3	4	5	6	7	8
9	10	11	12	13	14	15					20	21	22
23	24										34	35	36
37	38	39					44						50

Escreva agora todos os números primos até 50.

____

____

PRIMOS ALÉM DE 50

EF06MA05

Descoberta dos números primos até 100

1. Siga as instruções.
   - Trace três linhas verdes na direção das setas indicativas, passando pelos múltiplos de 2 do quadro, com exceção do 2.
   - Trace uma linha azul na direção da seta indicativa passando pelos múltiplos de 3 do quadro, que não estão na linha verde, com exceção do 3.
   - Trace quatro linhas pretas na direção das setas indicativas passando pelos múltiplos de 5 que não estão nas linhas já traçadas, com exceção do 5.
   - Trace duas linhas cinzas na direção das setas indicativas passando pelos múltiplos de 7 que não estão nas linhas já traçadas, com exceção do 7.
   - Os números que não estão nas linhas traçadas são os números primos até 100.

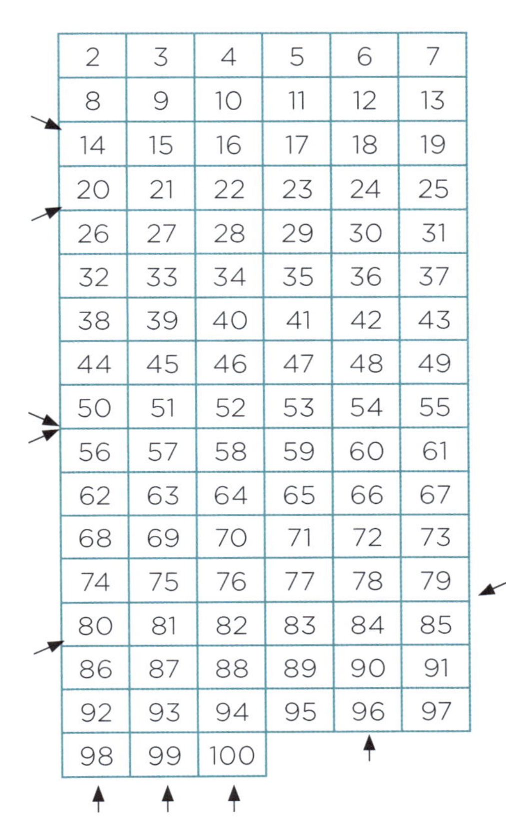

2	3	4	5	6	7
8	9	10	11	12	13
14	15	16	17	18	19
20	21	22	23	24	25
26	27	28	29	30	31
32	33	34	35	36	37
38	39	40	41	42	43
44	45	46	47	48	49
50	51	52	53	54	55
56	57	58	59	60	61
62	63	64	65	66	67
68	69	70	71	72	73
74	75	76	77	78	79
80	81	82	83	84	85
86	87	88	89	90	91
92	93	94	95	96	97
98	99	100			

2. Elabore um quadro como o mostrado a seguir e escreva os números primos até 100.

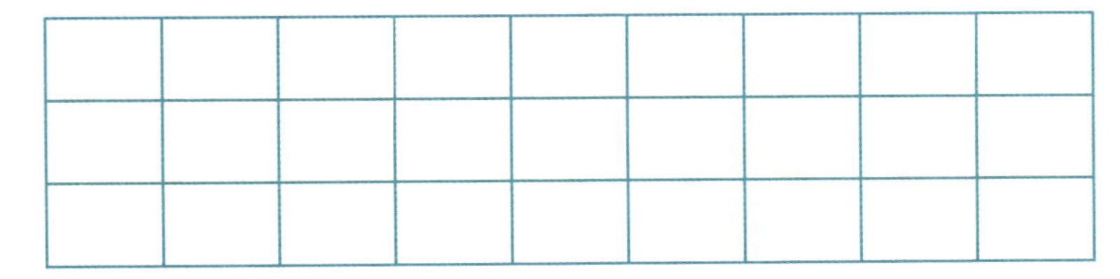

> Todo número natural maior do que 1, que não é primo, é chamado de **número composto.**
>
> Todo número composto pode ser escrito como produto de números primos.

3. Escreva os números compostos abaixo como produto de dois ou mais números primos.

a) 15 = ____________________

b) 12 = ____________________

c) 27 = ____________________

d) 182 = ____________________

EF06MA05 e EF06MA06

CÁLCULO MENTAL

OS CAMINHOS DE LUQUE, FOFO E NONÔ

Siga a sequência numérica que leva cada cachorro à sua casinha, de acordo com o indicado.

- Luque: Para chegar à casinha, ele só pode passar por números que são múltiplos de 3.

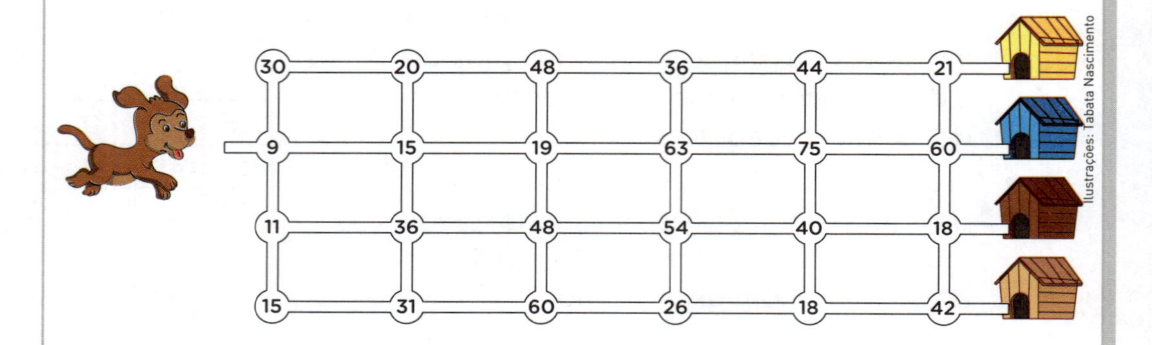

Ilustrações: Tabata Nascimento

- Fofo: No caminho, ele só pode passar por divisores de 80.

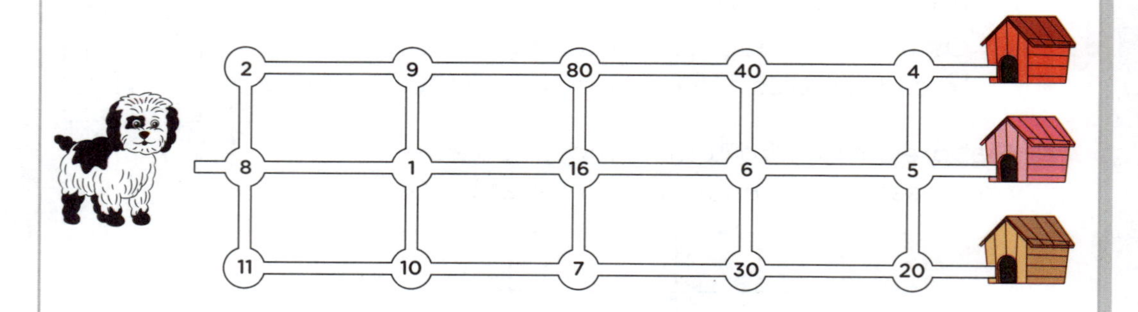

- Nonô: No caminho, ele só pode passar por números primos.

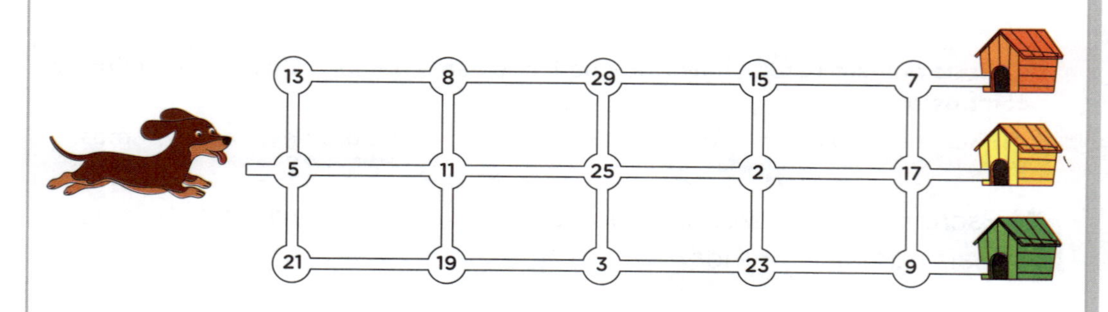

É CERTEZA, É IMPOSSÍVEL, É POUCO PROVÁVEL OU É BASTANTE PROVÁVEL?

EF06MA03, EF06MA06 e EF06MA30

Para cada uma das atividades a seguir, você deve responder: **é certeza**, **é impossível**, **é pouco provável** ou **é bastante provável** de acontecer. Atenção a cada caso!

1. No lançamento simultâneo de dois dados, verificando a soma dos números das faces voltadas para cima.

banu sevim/Shutterstock.com

Dados com 6 faces.

a) A soma ser maior do que 12.

____

b) A soma ser menor do que 13.

____

c) A soma ser 12.

____

d) A soma ser maior do que 3.

____

e) A soma ser um número ímpar maior do que 5.

____

2. Girando o ponteiro na roleta ao lado e verificando o número sorteado.

49, 63, 7, 35, 70, 21

Tabata Nascimento

a) Sair número ímpar.

____

b) Sair um múltiplo de 7.

____

c) Sair um número de 1 algarismo.

____

d) Sair um número de 3 algarismos.

____

e) Sair um número menor do que 80.

____

f) Sair um número que tem o algarismo 6.

____

g) Sair um número primo.

____

h) Sair um divisor de 100.

____

EF06MA24

MEDIDAS NO CAÇA-PALAVRAS

1. Complete cada afirmação com o número ou a palavra correta. Coloque um algarismo ou uma letra maiúscula em cada quadrinho.

- Um ano bissexto tem ☐☐☐ dias.
- Grama é unidade de medida da grandeza ☐☐☐☐☐.
- 1200 é o número total de meses em um ☐☐☐☐☐☐.
- Meio litro corresponde a ☐☐☐ mililitros.
- Uma região quadrada com lados de 7 cm tem medida de perímetro igual a ☐☐ cm e medida de área igual a ☐☐ cm^2.
- Um ângulo obtuso mede entre ☐☐ e ☐☐☐ graus.
- O espaço de tempo de 180 minutos corresponde a 3 ☐☐☐☐☐.

2. Agora, localize no quadro abaixo os quadrinhos que formam, na horizontal ou na vertical, os números e as palavras destacadas acima.

9	X	U	M	4	9	8	7	I	H	O	U	2	2	7
3	S	R	A	3	2	9	M	A	M	A	S	S	A	7
7	É	C	H	7	3	6	6	S	Ó	3	1	Á	H	7
1	C	L	O	O	V	7	6	R	P	7	9	B	O	4
8	U	7	R	6	2	8	L	A	1	A	O	S	N	5
5	L	3	A	A	7	3	F	É	8	7	4	I	A	O
5	O	1	S	W	S	É	C	H	O	R	O	S	S	O
S	A	4	O	P	6	8	D	O	E	7	O	I	H	S

POSIÇÕES RELATIVAS

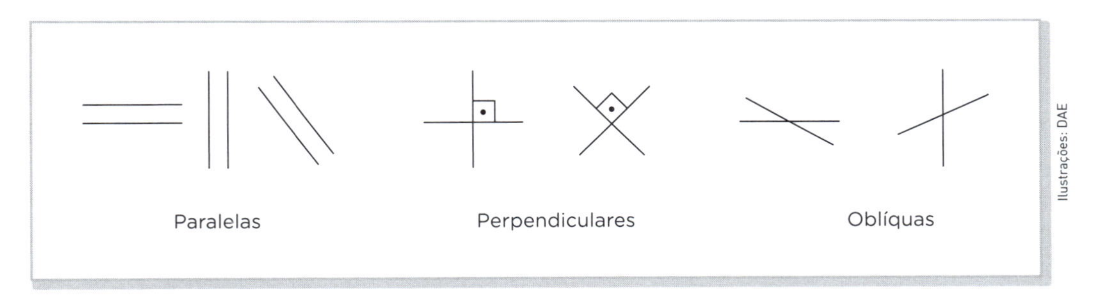

1. Em cada item, identifique as duas ruas indicadas com setas e depois escreva se elas são paralelas, perpendiculares ou oblíquas.

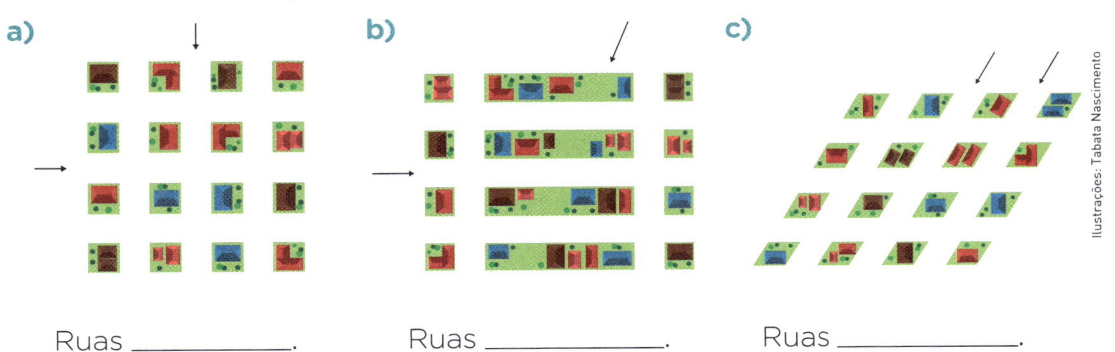

Ruas ______________.   Ruas ______________.   Ruas ______________.

2. Em cada item, use uma régua e ligue os pontos, 2 a 2, de modo a obter duas retas (r e s) com as posições indicadas.

   a) r e s paralelas.

   b) r e s oblíquas.

   c) r e s perpendiculares.

   d) r e s perpendiculares.

EF06MA05

CÁLCULO MENTAL

CRITÉRIOS DA DIVISIBILIDADE

Em muitos casos, para saber se a divisão de um número natural por outro é exata ou não, é possível descobrir utilizando cálculo mental. Para isso, basta conhecer os critérios de divisibilidade. Vamos ver alguns exemplos.

1. Leia a informação em cada item e depois complete os espaços vazios com **é** ou **não é**. Justifique.

a) **Um número natural é divisível por 2 (é múltiplo de 2) só quando é número par, ou seja, termina em 0, 2, 4, 6 ou 8.**

- 374 __________ divisível por 2, porque termina em __________
- 1463 ____________ divisível por 2, porque ____________
- 2048 ________ divisível por 2, porque termina em __________

b) **Um número natural é divisível por 3 (é múltiplo de 3) só quando a soma de seus algarismos é múltiplo de 3.**

- 2453 ________ múltiplo de 3, porque 2 + 4 + 5 + 3 = ______
- 652 ____________ múltiplo de 3, porque ____________
- 234 __________ divisível por 3, porque 2 + 3 + 4 = ________

c) **Um número natural tem divisão exata por 4 só quando o número formado pelos seus dois últimos algarismos é um múltiplo de 4, ou seja, sua divisão por 4 é exata.**

- 388 512 __________ divisível por 4, pois 12 : 4 __________ divisão exata
- 422 ____________ múltiplo de 4, pois ____________________
  ____
- 1324 __________ divisível por 4, porque 24 __________ divisível por 4.

d) Observe esses critérios de divisibilidade e leia-os com atenção. Use-os para calcular mentalmente. Depois, complete e justifique as afirmações. EF06MA05

Um número natural é divisível por 5 só quando termina em 0 ou em 5.

Um número natural é divisível por 6 só quando é divisível por 2 e também por 3.

Um número natural é divisível por 9 só quando a soma de seus algarismos é um múltiplo de 9.

Um número natural é divisível por 10 só quando termina em 0 (zero).

Um número natural é divisível por 100 só quando termina em 00.

- 3 580 __________ divisível por 5 porque termina em __________
- 2 503 __________ divisível por 5 porque __________
- 73 125 __________ divisível por 5 porque __________
- 387 __________ divisível por 6 porque __________
- 3 962 __________ divisível por 6 porque __________
- 9 402 __________ divisível por 6 porque é __________
- 3 754 __________ divisível por 9 porque __________
  ____
- 3 195 __________ divisível por 9 porque __________
  ____
- 8 470 __________ divisível por 10 porque __________
- 8 470 __________ divisível por 100 porque __________

DESAFIO

1. Em uma corrida, Paulo acabou de ultrapassar o 2º colocado.

VectorArtFactory/Shutterstock.com

Qual é a posição em que ele está agora?

____

2. Trace 4 segmentos de reta na figura ao lado, de modo que:
   - onde termina um, começa o seguinte;
   - cada um dos 9 pontos deve estar em pelo menos um segmento de reta.

DICA

As extremidades dos segmentos não precisam estar necessariamente nesses pontos.

CÁLCULO MENTAL

3. Descubra os algarismos correspondentes a □, ○ e △, depois, efetue as operações indicadas. Tudo mentalmente!

	○	$^{1}2$	□
+	1	△	9
	8	6	4

2 · □△ = ______________

○○○ : 7 = ______________

○□ − △△ = ______________

DATAS DE NASCIMENTO

EF06MA06

Veja o que dizem as crianças sobre as datas de seu nascimento.

Ilustrações: Ilustra Cartoon

1. Registre a data de nascimento de cada uma das crianças.

- Joel: ____.
- Ana: ____.
- Pedro: ____.
- Mara: ____.

EF06MA04 e EF06MA05

UMA, NENHUMA OU AS DUAS CONDIÇÕES?

1. Faça a correspondência entre as colunas.

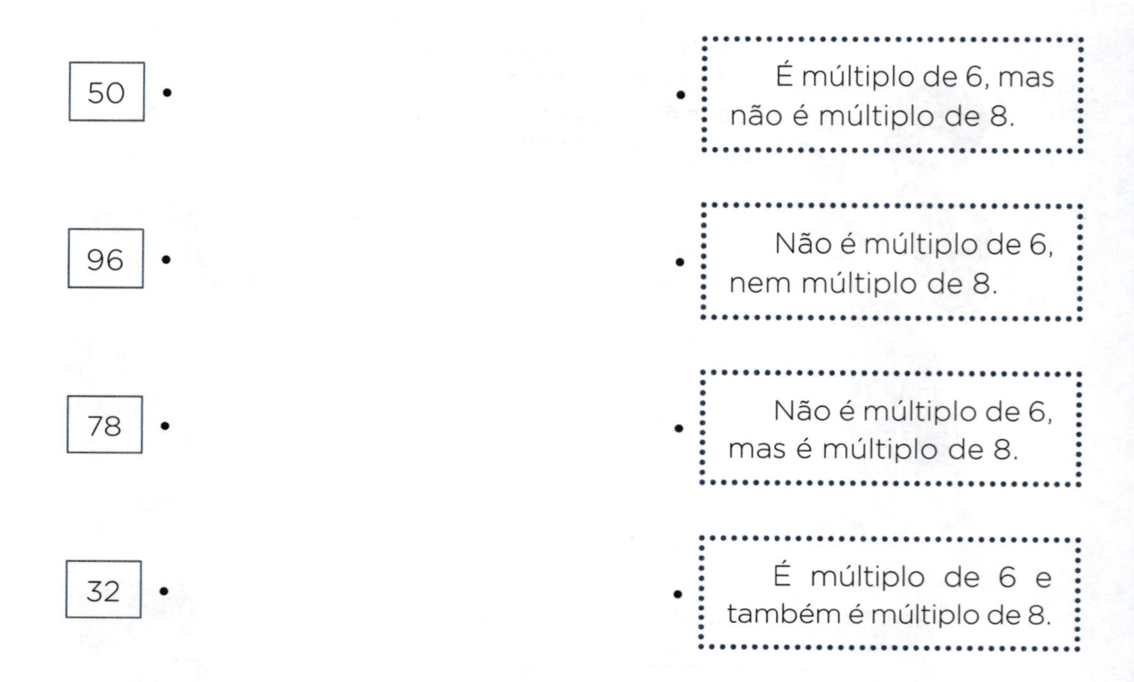

2. Agora, escolha quatro dentre os oito números abaixo e coloque-os, um a um, nas situações correspondentes.

53, 49, 37, 33, 43, 57, 61 e 69

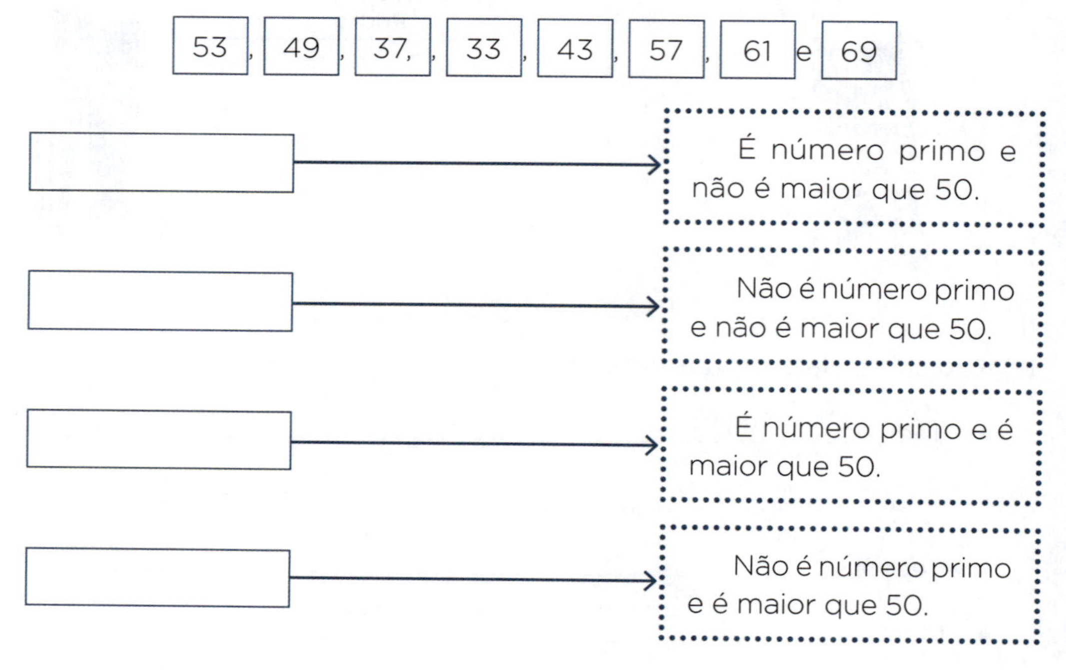

DESAFIO COMPOSIÇÃO DE REGIÕES QUADRADAS

Iremos compor 6 regiões com as peças coloridas abaixo, todas com a mesma área. Considere que cada quadradinho da malha tenha lados de 1 cm.

Ilustrações: DAE

1. Antes, calcule e responda: Qual será a medida de área de cada região quadrada, em cm^2?
2. Agora, componha as 6 regiões quadradas e verifique se a resposta que você deu anteriormente está correta.
3. A medida de comprimento de cada lado é __________ e a medida de área de cada região quadrada é __________.

EF06MA07

FRAÇÕES: ESTIMATIVA E VERIFICAÇÃO

1. Faça uma estimativa e responda: Entre as frações $\frac{5}{7}$ e $\frac{4}{5}$, qual você acha que tem valor maior em relação a uma mesma unidade?

____

2. Agora, realize a verificação: Usando como unidade uma figura e depois um número, compare cada uma das frações. Na comparação, utilize a mesma figura e o mesmo inteiro como referência.

a) Divida as figuras a seguir conforme a fração, pintando a parte correspondente.

$\frac{5}{7}$ [ ] $\frac{4}{5}$ [ ]

b) Calcule a parte do inteiro e registre o resultado para cada fração.

$\frac{5}{7}$ de 70 = ________ (________ : ________ · ________ = ________)

$\frac{4}{5}$ de 70 = ________ (________ : ________ · ________ = ________)

Comparação: ________ > ________.

Como foi sua estimativa? Ela se aproximou da comparação?

____

3. Realize as comparações a seguir.

a) Compare as frações mentalmente. Explique como pensou.

- $\frac{3}{5}$ ___ $\frac{4}{5}$
- $\frac{1}{2}$ ___ $\frac{3}{8}$
- $\frac{3}{6}$ ___ $\frac{2}{4}$
- $\frac{3}{4}$ ___ $\frac{5}{12}$

b) Compare as frações usando diferentes métodos.

- $\frac{2}{3}$ ________ $\frac{3}{5}$

Usando figuras:

$\frac{2}{3}$ [ ] $\frac{3}{5}$ [ ]

- $\frac{6}{9}$ ________ $\frac{4}{6}$

Usando números:

$\frac{6}{9}$ de 72 = ________ $\frac{4}{6}$ de 72 = ________

- $\frac{2}{3}$ ________ $\frac{5}{8}$

Pelo processo que quiser:

EF06MA09

É HORA DE
TRABALHAR COM FRAÇÃO DE NÚMERO

1. Calcule o valor de cada fração dos números abaixo.

a) $\frac{5}{6}$ de 360 = ☐☐☐

b) $\frac{1}{3}$ de 459 = ☐☐☐

c) $\frac{3}{5}$ de 700 = ☐☐☐

d) $\frac{1}{4}$ de 2048 = ☐☐☐

e) $\frac{2}{7}$ de 1785 = ☐☐☐

f) $\frac{7}{9}$ de 198 = ☐☐☐

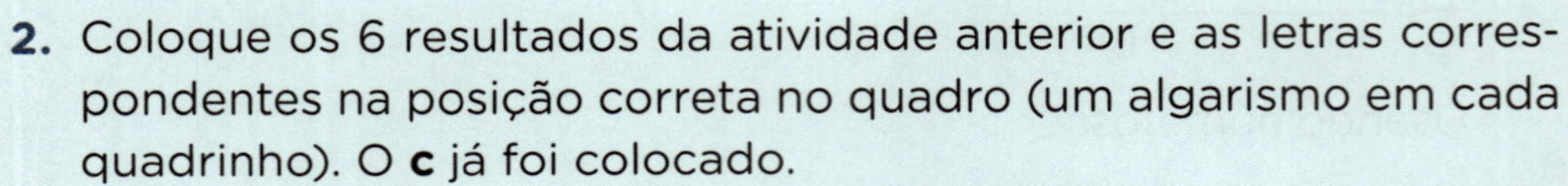

2. Coloque os 6 resultados da atividade anterior e as letras correspondentes na posição correta no quadro (um algarismo em cada quadrinho). O **c** já foi colocado.

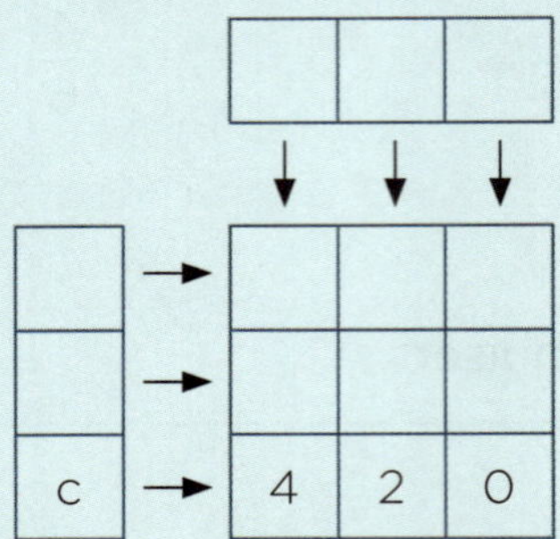

3. Pedro tinha R$ 960,00 no dia primeiro de janeiro e Ana tinha R$ 1.000,00. Durante as três primeiras semanas do mês, Pedro gastou $\frac{1}{4}$ do que tinha naquele momento, e Ana, $\frac{2}{5}$ do que tinha.

a) Faça os cálculos e complete a tabela.

Em 1/1	1ª semana	2ª semana	3ª semana
Pedro tinha R$ ________.	Gastou R$ ________. Ficou com R$ ________.	Gastou R$ ________. Ficou com R$ ________.	Gastou R$ ________. Ficou com R$ ________.
Ana tinha R$ ________.	Gastou R$ ________. Ficou com R$ ________.	Gastou R$ ________. Ficou com R$ ________.	Gastou R$ ________. Ficou com R$ ________.

CORRESPONDÊNCIAS: FRAÇÃO ↔ DECIMAL

EF06MA08

Analise como André fez para descobrir a fração irredutível correspondente ao número decimal 0,45.

0,45 → **Leio: quarenta e cinco centésimos** → **em fração:** $\frac{45}{100}$

simplifico $\frac{45^{:5}}{100^{:5}} = \frac{9}{20}$ → **Logo,** $0,45 = \frac{9}{20}$.

Mari Dambi/Shutterstock.com

Agora, o caminho contrário: descubra o número decimal correspondente à fração. Veja o que Rute diz sobre a fração $\frac{3}{4}$.

$\frac{3}{4}$ → **Descubro a fração equivalente a** $\frac{3}{4}$ **com denominador 10, ou 100, ou 1000 etc.** $\frac{3}{4} = \frac{15}{20} = \frac{75}{100}$ → **e escrevo como 0,75**

Ou uso o fato de que $\frac{3}{4}$ **é o resultado de 3 : 4 e faço:**

$$\begin{array}{r|l} 3,0 & 4 \\ \hline -2\,8 & 0,75 \\ 2\,0 & \\ -2\,0 & \\ 0 & \end{array}$$

Logo, $\frac{3}{4} = 0,75$.

Mari Dambi/Shutterstock.com

Veja os caminhos seguidos por André e Rute, indicados de forma mais simples.

$0,45 = \frac{45^{:5}}{100^{:5}} = \frac{9}{20}$ $\quad$ $\frac{3^{\cdot 25}}{4^{\cdot 25}} = \frac{75}{100} = 0,75$ ou $\frac{3}{4} = 3 : 4 = 0,75$

Faça o mesmo com os números abaixo: passe de decimal para fração ou de fração para decimal.

a) 0,7 =

e) $\frac{4}{5}$ =

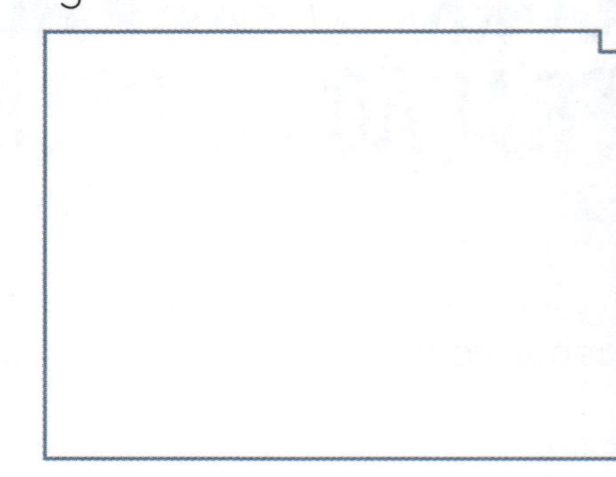

b) 0,84 =

f) $\frac{1}{8}$ =

c) 1,003 =

g) $1\frac{1}{4}$ =

d) 3,5 =

h) $\frac{3}{20}$ =

QUEM FOI O CAMPEÃO?

EF06MA31 e EF06MA32

1. No campeonato de futebol da escola de Rafael, os três times com maior pontuação foram: Javalis, Tigres e Morcegos.

- A pontuação do time Javalis está indicada no gráfico abaixo.
- O time Tigres teve 3 vitórias, 3 empates e 2 derrotas no campeonato.
- O time Morcegos teve 2 empates e um total de 11 pontos em 8 jogos.

Lembre-se: cada vitória dá 3 pontos, cada empate dá 1 ponto e cada derrota não dá ponto.

a) Analise o gráfico do time Javalis e construa os outros dois gráficos com base nas informações dadas acima.

Pontuação no campeonato de futebol

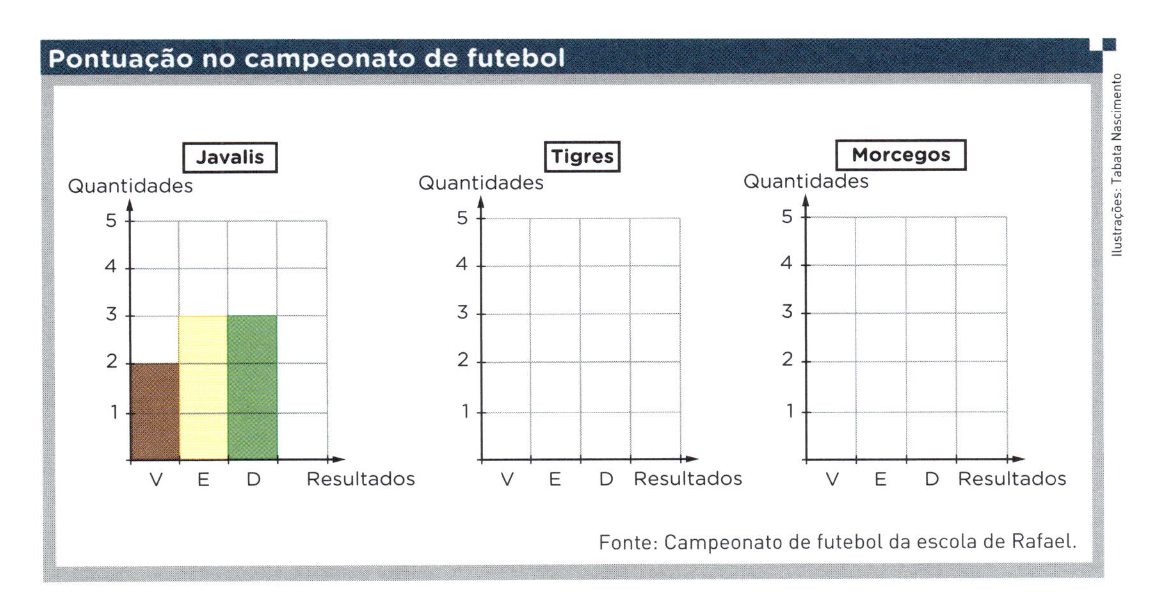

Fonte: Campeonato de futebol da escola de Rafael.

b) Agora, calcule a pontuação de cada time e depois escreva o nome do time campeão.

- Javalis: ________ · 3 + ________ · 1 + ________ · 0 =

  = ________ + ________ + ________ = ________ pontos.

- Tigres: ____________________ pontos.
- Morcegos: ____________________ pontos.
- Time campeão: ____________________.

EF06MA19

TIPOS DE TRIÂNGULOS

Maria citou os 3 tipos de triângulos quanto aos lados.

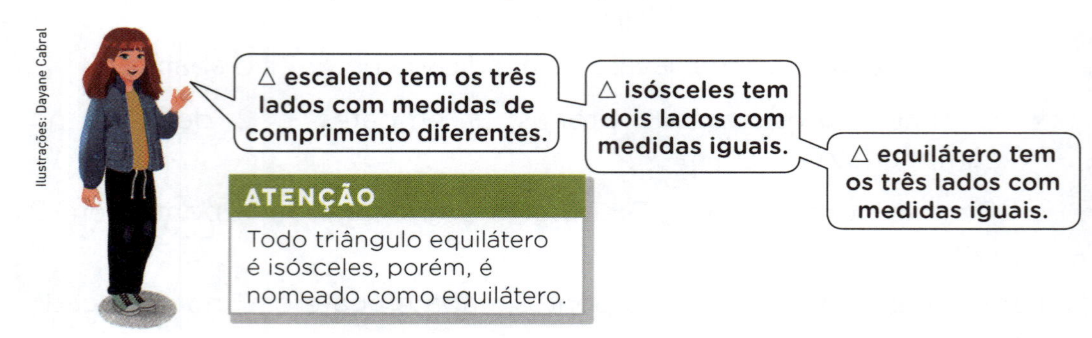

ATENÇÃO

Todo triângulo equilátero é isósceles, porém, é nomeado como equilátero.

Paulo citou os 3 tipos de triângulos quanto aos ângulos.

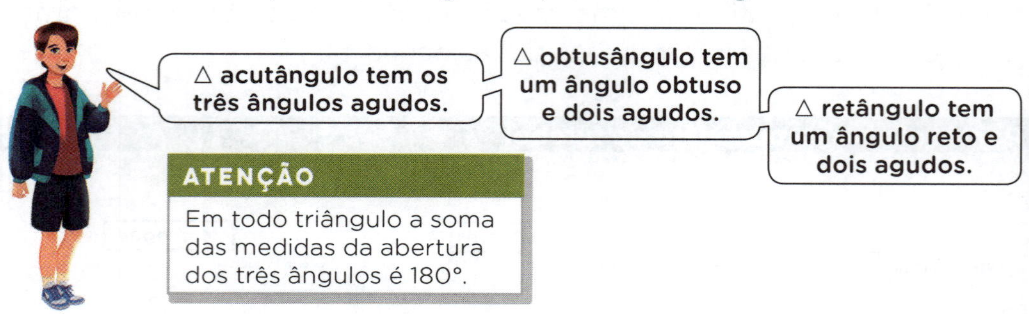

ATENÇÃO

Em todo triângulo a soma das medidas da abertura dos três ângulos é 180°.

1. Agora, desenhe o triângulo em cada item abaixo. Classifique os triângulos quanto à medida dos ângulos.

a) ____________ **b)** ____________ **c)** ____________

Ilustrações: Tabata Nascimento

2. Agora, desenhe o triângulo em cada item abaixo. Classifique os triângulos quanto à medida dos lados.

a) ____________ **b)** ____________ **c)** ____________

3. Observe os triângulos desenhados. Depois, complete cada item.

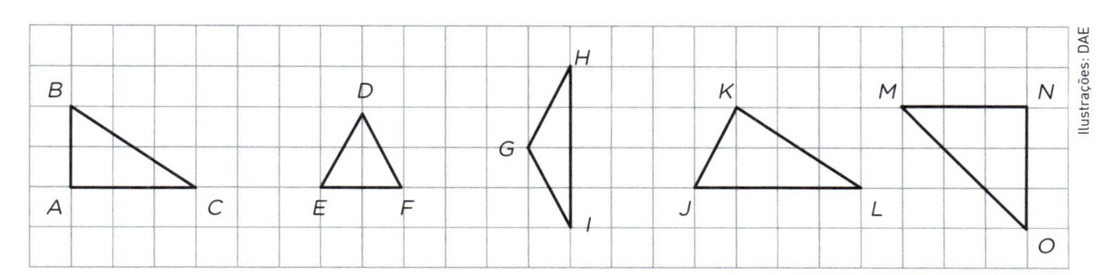

- Triângulo isósceles e obtusângulo: ____________________.
- Triângulo equilátero e acutângulo: ____________________.
- Triângulo escaleno e retângulo: ____________________.
- Triângulo isósceles e retângulo: ____________________.
- Triângulo escaleno e acutângulo: ____________________.

4. Agora, desenhe o triângulo em cada item abaixo.

- Triângulo isósceles e acutângulo.

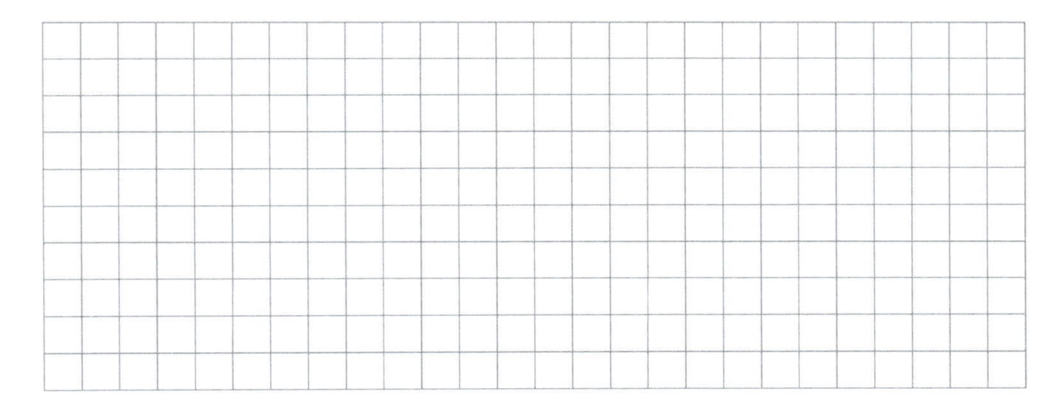

- Triângulo escaleno e obtusângulo.

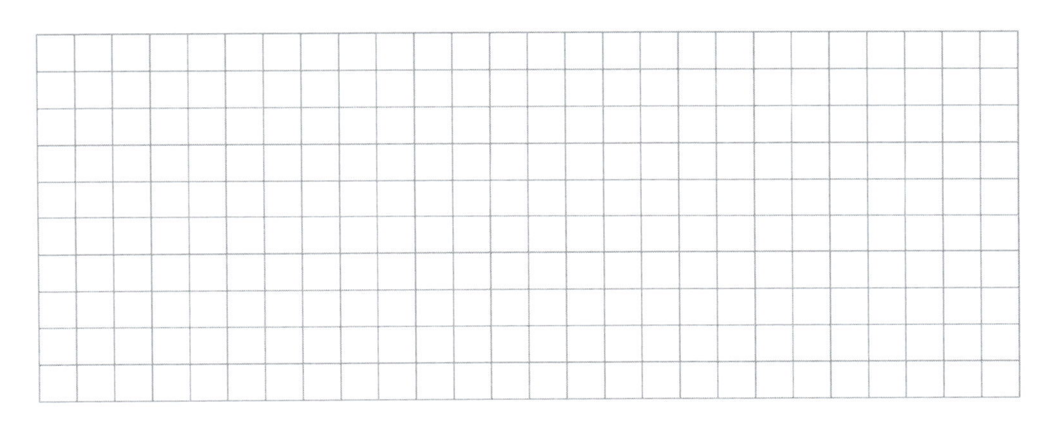

EF06MA16 e EF06MA19

TRIÂNGULOS NO PLANO CARTESIANO

Para esta atividade, observe os dois planos cartesianos I e II a seguir.

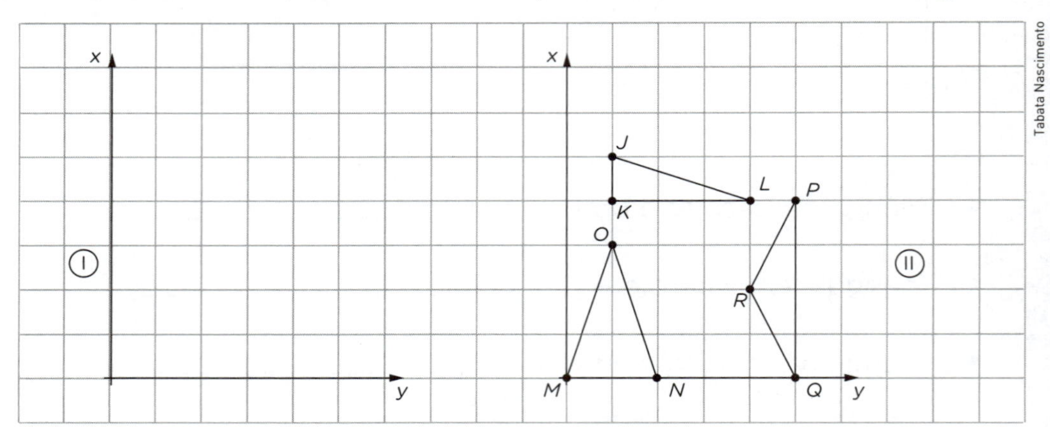

1. No plano cartesiano I, marque os seguintes pontos:

a) *A* (0,5).
b) *B* (5,5).
c) *C* (1,2).
d) *D* (1,3).
e) *E* (3,5).
f) *F* (4,2).
g) *G* (2,3).
h) *H* (5,3).
i) *I* (2,0).

2. Em seguida, use uma régua e trace $\triangle ADG$, $\triangle CIF$ e $\triangle BEH$.

3. No plano cartesiano II, estão traçados $\triangle JKL$, $\triangle MNO$ e $\triangle PQR$. Escreva os pares ordenados correspondentes aos vértices.

- No $\triangle JKL$ temos: *J* (_____, _____), *K* (_____, _____) e *L* (_____, _____)
- No $\triangle MNO$ temos: *M* (_____, _____), *N* (_____, _____) e *O* (_____, _____)
- No $\triangle PQR$ temos: *P* (_____, _____), *Q* (_____, _____) e *R* (_____, _____)

4. Indique, no quadro a seguir, o tipo de cada triângulo quanto aos lados (equilátero, isósceles ou escaleno) e quanto aos ângulos (acutângulo, retângulo ou obtusângulo).

Triângulo	Tipo quanto aos lados	Tipo quanto aos ângulos
$\triangle$**ADG**		
$\triangle$**CIF**		
$\triangle$**BEH**		
$\triangle$**JKL**		
$\triangle$**MNO**		
$\triangle$**PQR**		

"NÚMEROS QUADRADOS" E "NÚMEROS TRIANGULARES"

1. Analise com atenção a sequência de figuras e escreva a quantidade de bolinhas em cada termo.

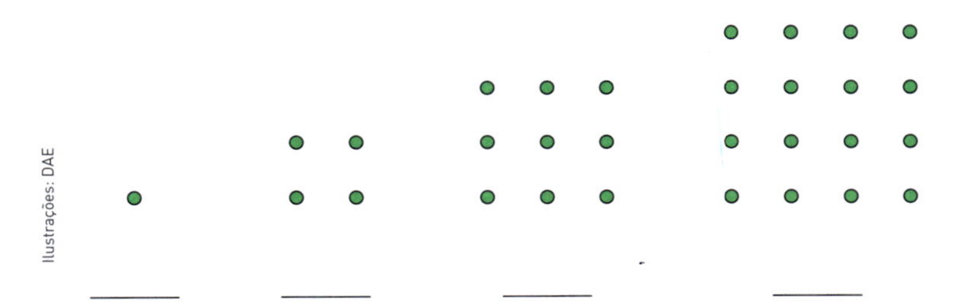

Ilustrações: DAE

_____ _____ _____ _____ _____

a) Desenhe a figura seguinte da sequência e coloque nela o número de bolinhas.

b) A sequência dos números escritos é conhecida como "sequência dos números quadrados". Escreva-a até o 8º termo.

_____, _____, _____, _____, _____, _____, _____, _____

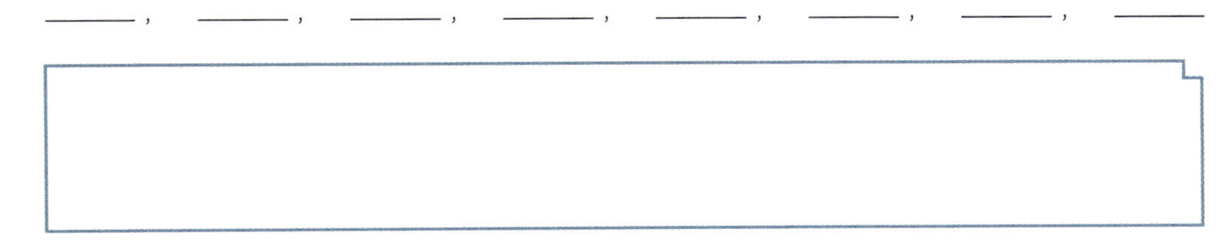

2. Agora, vamos conhecer os "números triangulares". Faça aqui os mesmos procedimentos da atividade 1.

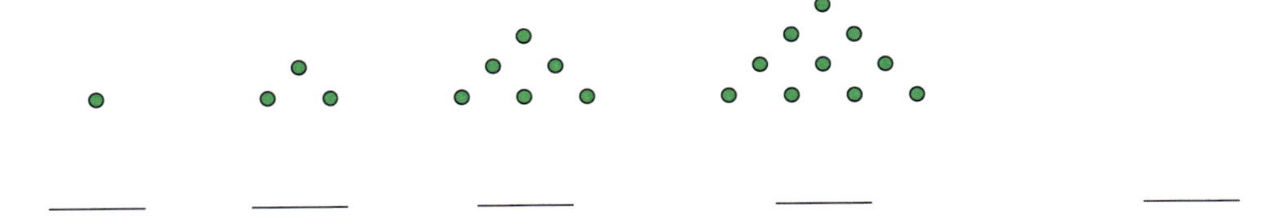

_____ _____ _____ _____ _____

Complete a "sequência dos números triangulares".

_____, _____, _____, _____, _____, _____, _____, _____, ...

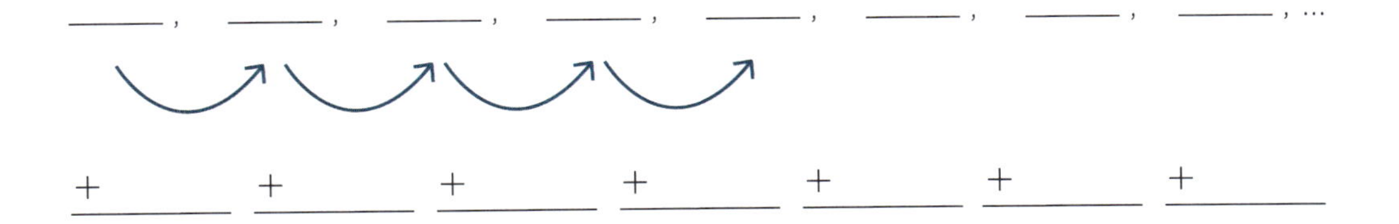

+ _____ + _____ + _____ + _____ + _____ + _____ + _____

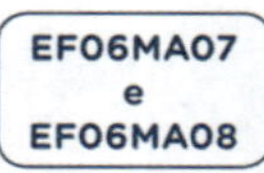

EF06MA07 e EF06MA08

CÁLCULO MENTAL

COM FRAÇÕES E NÚMEROS DECIMAIS

1. Observe os quadros I e II e faça o que se pede.

a) Calcule mentalmente cada fração de número no quadro I e coloque o resultado na mesma posição no quadro II. Veja alguns exemplos.

b) Depois, nos dois quadros, pinte com a mesma cor os quadrinhos correspondentes com mesmo resultado.

Prepare seus lápis e mãos à obra!

Lilian Gonzaga

Lápis coloridos.

Quadro I		
$\frac{1}{2}$ de 72	$\frac{4}{7}$ de 28	$\frac{1}{3}$ de 45
$\frac{2}{3}$ de 24	$\frac{3}{4}$ de 12	$\frac{3}{4}$ de 20
$\frac{3}{5}$ de 60	$\frac{5}{9}$ de 27	$\frac{1}{3}$ de 27
$\frac{9}{10}$ de 10	$\frac{1}{4}$ de 64	$\frac{6}{7}$ de 42

Quadro II		
36	16	15
	9	

2. Observe os quadros e as fichas a seguir e pinte, com a mesma cor, representações diferentes de um mesmo número. Veja este exemplo.

0,5

0,50

$\frac{1}{2}$

$\frac{5}{10}$

0,250	$\frac{9}{4}$	0,25	$\frac{5}{2}$
0,4	2,25	$\frac{2}{5}$	2,500
$2\frac{1}{2}$	2,5	$2\frac{1}{4}$	$\frac{1}{4}$
$2\frac{2}{8}$	$\frac{4}{16}$	$\frac{6}{15}$	0,40

QUADRADOS MÁGICOS

EF06MA03

Você já conhece os quadrados mágicos? Neles, os números indicados devem ser colocados de modo que, em todas as linhas, colunas e diagonais, a soma deve ser a mesma: a **soma mágica**. Cada número deve ser colocado apenas uma vez em cada quadrinho.

Veja o exemplo:

Quadrado mágico com os números de 12 a 20 e soma mágica 48.

Nas linhas
$13 + 20 + 15 = 48$
$18 + 16 + 14 = 48$
$17 + 12 + 19 = 48$

Nas colunas
$13 + 18 + 17 = 48$
$20 + 16 + 12 = 48$
$15 + 14 + 19 = 48$

Nas diagonais
$13 + 16 + 19 = 48$
$17 + 16 + 15 = 48$

13	20	15
18	16	14
17	12	19

1. Agora, complete os quadrados mágicos a seguir.

a) Quadrado mágico com os números de 1 a 9 e soma mágica 15.

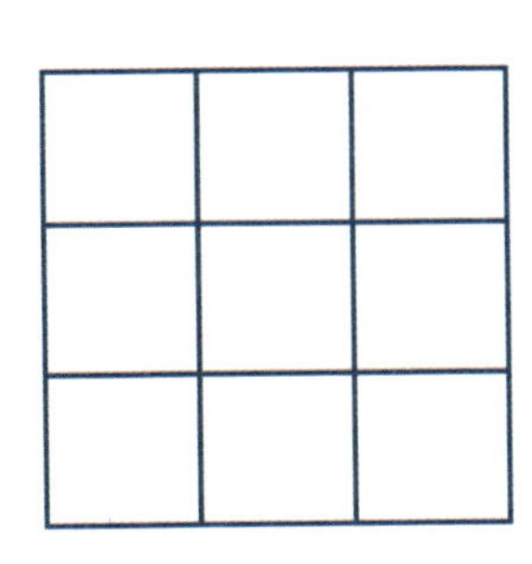

b) Quadrado mágico com soma mágica 34 e os números de 1 a 16.

16	5	9	
		7	14
		6	15
13			1

DESAFIO

2. Descubra a soma mágica e complete o quadrado mágico.

- Soma mágica: ______.
- Números de ______ a ______.

16			25	8
			13	
22	10	18	26	
15			19	27
28	11		7	20

EF06MA13

SITUAÇÕES ENVOLVENDO PORCENTAGEM

Veja o que dizem as crianças.

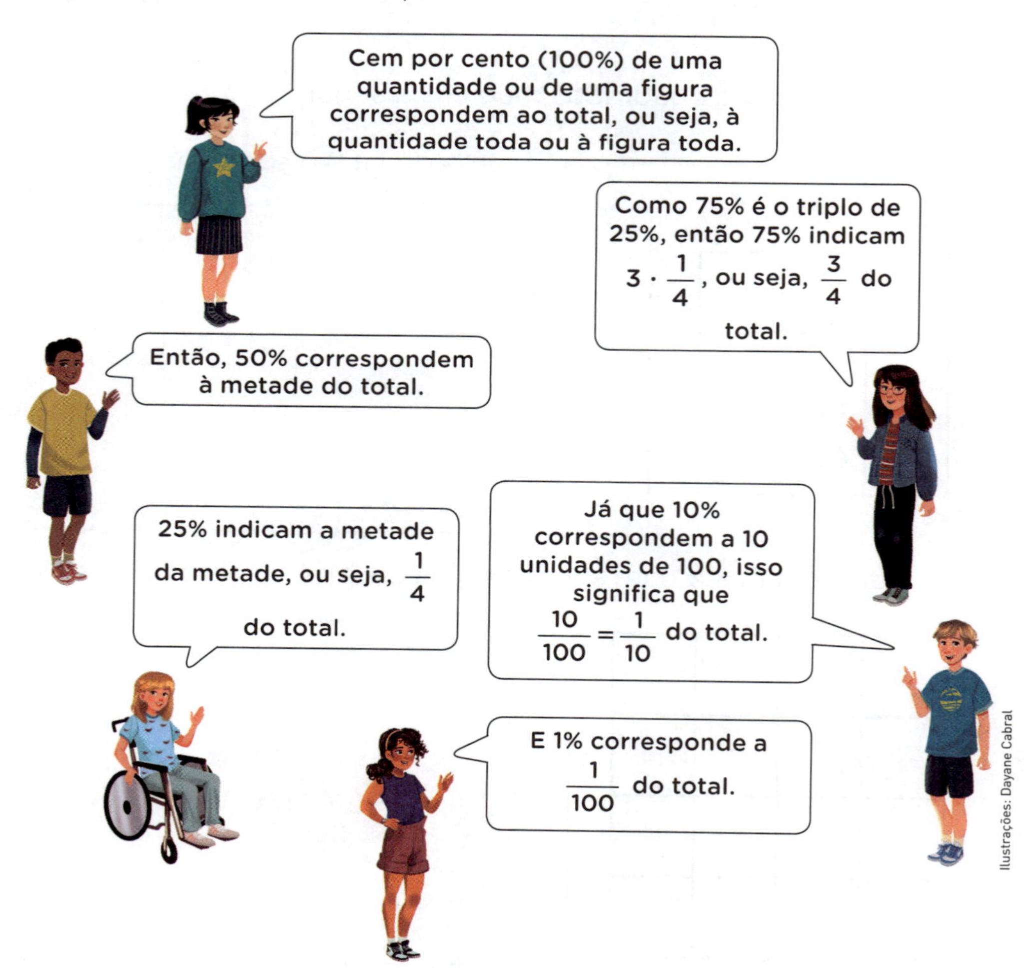

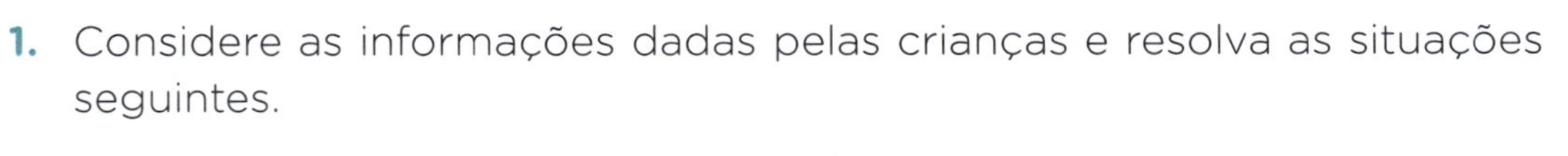

1. Considere as informações dadas pelas crianças e resolva as situações seguintes.

a) Na figura a seguir estão pintados ______% do círculo.

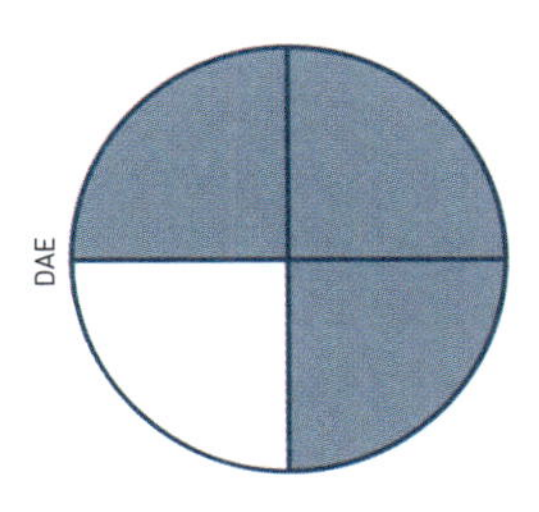

b) Pinte 50% da região retangular.

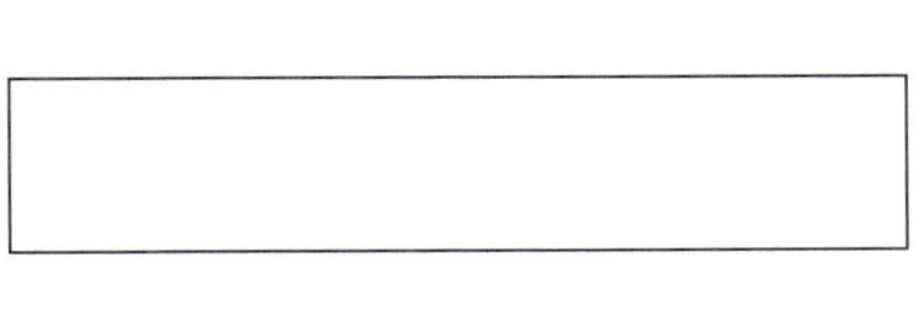

c) 25% de 48 = ______; 10% de 90 = ______; 1% de 600 = ______

d) Pedro tinha R$ 420,00 e gastou $\frac{3}{4}$ desta quantia.

Então, ele gastou R$ ______ e ainda ficou com R$ ______.

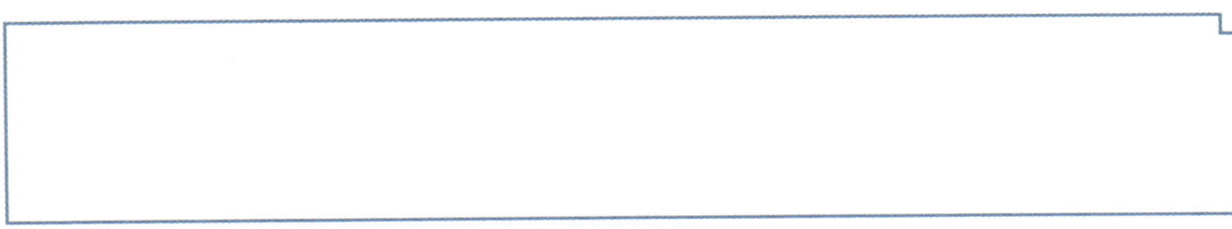

e) Se o preço de um produto passou de R$ 30,00 para R$ 33,00, então o aumento no preço foi de ______%.

EF06MA13

MAIS INFORMAÇÕES SOBRE PORCENTAGEM

Leia com atenção.

- **Se 10% indicam $\frac{1}{10}$ de um total (figura ou número), então 20% indicam $2 \cdot \frac{1}{10}$ ou $\frac{2}{10}$ ou $\frac{1}{5}$ do total.**
- **Da mesma forma, 30% indicam $\frac{3}{10}$ do total, 40% indicam $\frac{4}{10}$ ou $\frac{2}{5}$, e assim por diante.**
- **Se 1% indica $\frac{1}{100}$ de um total, então 2% indicam $\frac{2}{100}$ ou $\frac{1}{50}$ do total, 3% indicam $\frac{3}{100}$, 4% indicam $\frac{4}{100}$ ou $\frac{1}{25}$, e assim por diante.**
- **Para calcular 23% de um total, calculamos $\frac{23}{100}$ do total, ou então calculamos 20%, depois 3% e somamos os valores obtidos.**

1. Considere as informações acima, calcule e complete.

a) 40% de 9000 = ________ e 4% de 9000 = ________

b) 30% de 150 = ________ e 8% de 400 = ________

c) 41% de 700 = ________ e 72% de R$ 20.000,00 = ________

2. Pinte 20% da região retangular determinada pelo retângulo a seguir.

3. A quantia de R$ 800,00 foi repartida entre Pedro, Lara e Carla. Pedro recebeu 40% do total, Lara recebeu 70% do que Pedro recebeu e Carla recebeu o restante.

Quanto recebeu cada um?

EF06MA20

É HORA DE PARALELOGRAMOS

1. Marque com um X todos os quadriláteros abaixo que podem ser chamados de paralelogramo.

  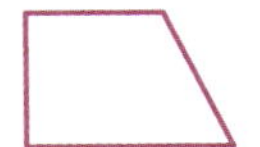   

2. Ligue 4 dos 6 pontos marcados abaixo, de modo a obter um paralelogramo.

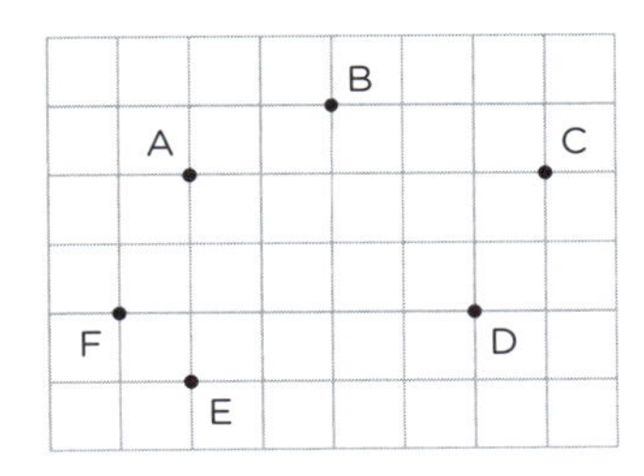

3. A afirmação abaixo é verdadeira ou falsa?

Na figura ao lado aparecem 18 paralelogramos.

Resposta: ____________________

4. Observe o quadrilátero a seguir e responda: Ele é um paralelogramo?

- Agora, marque *A*, *B*, *C* e *D* nos pontos médios dos 4 lados desse quadrilátero e trace os segmentos *AB*, *BC*, *CD* e *DA*.
- Por último, responda: O quadrilátero *ABCD* é um paralelogramo?

____

5. Quais polígonos mencionados são paralelogramos?

a) Retângulo

b) Losango

c) Trapézio

d) Quadrado

e) Triângulo

Resposta: ____________________

____

ÉLABORAR PROBLEMAS

EF06MA03, EF06MA10 e EF06MA11

Em cada problema, escreva um enunciado que esteja de acordo com a pergunta e a resposta dadas. No final, registre a resolução.

1. Enunciado:

____

____

____

Caderno e canetas.

André Martins

Pergunta: Quanto ela gastou na compra do caderno e das duas canetas?

Resposta: Regina gastou R$ 13,50 na compra.

2. Enunciado:

____

____

____

Picolé.

Lilian Gonzaga

Pergunta: Ele gastou que porcentagem do que tinha?

Resposta: Marcos gastou 25% do que tinha na compra do picolé.

3. Enunciado:

____

____

Pergunta: Quantas equipes foram formadas na classe?

Resposta: Foram formadas 6 equipes na classe de Raul.

EF06MA30

POSSIBILIDADES

PROBABILIDADE

Leia o texto com atenção para depois resolver as atividades propostas.

Quando sorteamos uma letra da palavra **PERNAMBUCO**, a probabilidade de tirar uma vogal é de 4 em 10, pois são 4 vogais (E, A, U e O) em um total de 10 letras.

Essa **probabilidade** pode ser expressa de várias formas. Veja:

- Pela **fração irredutível** $\frac{2}{5}$, pois 4 em 10 $= \frac{4}{10} = \frac{2}{5}$.
- Pelo **número decimal** 0,4, pois 4 em 10 $= \frac{4}{10} = 0{,}4$.
- Pela **porcentagem** 40%, pois 4 em 10 $= \frac{4}{10} = \frac{40}{100} = 40\%$.

1. Ao giramos o ponteiro na roleta abaixo, indique qual é a probabilidade de ocorrer o evento "Parar em uma casa de cor amarela". Represente nas formas solicitadas.

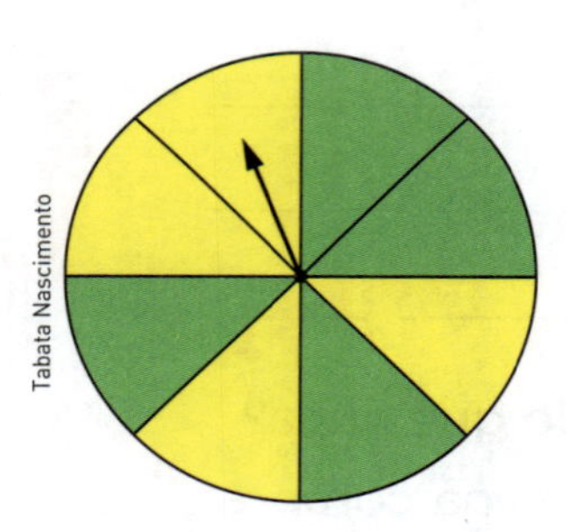
Tabata Nascimento

- Em fração irredutível: _______________.
- Em número decimal: _______________.
- Em porcentagem: _______________.

2. Em cada item, descubra e complete.

- Sorteando um mês do ano:

a) A probabilidade, indicada com fração irredutível, de cair um mês de 30 dias é _____________.

b) A probabilidade de cair um mês cujo nome começa com a letra J é de _____________%.

c) Indicada por um número decimal, a probabilidade de cair um mês que não é do 1º trimestre é de _____________.

3. Eduardo conferiu a previsão de tempo para a cidade onde mora e viu que há 30% de chance de chover amanhã $\left(\text{o que equivale a } \frac{30}{100}\right)$. É possível Eduardo saber a probabilidade de não chover amanhã?

Resposta: ____

DESAFIO

NÚMEROS PRIMOS OU NÃO PRIMOS NO DADO

4. Para este desafio, é necessário um dado de 6 faces. Forme dupla com um colega e decidam quem vai começar. Quem iniciar escolhe a opção "primo" ou a opção "não primo". O outro escolhe um número de 0 a 3. Depois, lança-se o dado. Deve-se somar o número escolhido com o resultado do dado. Verifique se o resultado da soma é um número primo ou não primo. Ganha 1 ponto quem escolheu a opção (primo ou não primo) que condiz com o resultado da soma. Repitam alternadamente as jogadas, até que um de vocês tenha 5 pontos.

a) Terminado o desafio, calcule a probabilidade de a soma ser um número primo para as possíveis escolhas dessa soma.

5. Que número de 0 a 3 você escolheria para vencer uma rodada, se sua opção fosse "primo"?

QUADRILÁTEROS NO PLANO CARTESIANO

EF06MA16 e EF06MA20

1. No plano cartesiano desenhado abaixo, o quadrilátero *ABCD* não é um trapézio nem um paralelogramo. Justifique essa afirmação.

___

Agora, escreva os pares ordenados correspondentes aos 4 vértices.

- *A* (____, ____);
- *B* (____, ____);
- *C* (____, ____);
- *D* (____, ____).

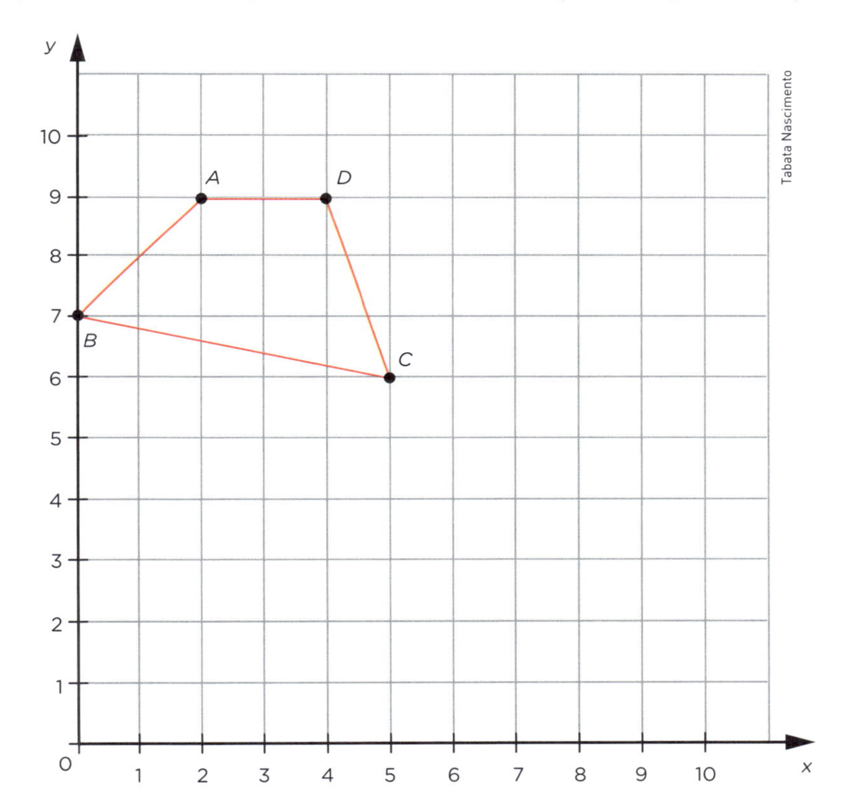

2. Ainda no plano cartesiano acima, marque os pontos *E* (9, 8), *F* (2, 5), *G* (7, 2), *H* (5, 2), *I* (7, 6), *J* (2, 0), *K* (9, 4) e *L* (5, 4).

Em seguida, ligue os pontos de modo a obter os quadriláteros *FLHJ* e *IGKE*.

Por último, indique se cada um deles é paralelogramo, trapézio ou nenhum dos dois.

- Quadrilátero *FLHJ*: ____________.
- Quadrilátero *IGKE*: ____________.

EF06MA09 e EF06MA10

DESAFIO

QUADRADOS MÁGICOS DESAFIADORES

1. Complete cada quadrado mágico com tudo o que falta.

a) Preencha com números inteiros, frações e números mistos.

Soma mágica: $3\frac{3}{4}$

		1
$1\frac{3}{4}$	$1\frac{1}{4}$	

b) Utilize números decimais.

Soma mágica: ____________

		2,4
	2	
1,6		3,2

c) Complete com medidas de tempo.

Soma mágica: ____________

	50 min	
	1 h	
1 h 10 min	1 h 10 min	

CÁLCULO MENTAL

À CAÇA DE BLOCOS COM MEDIDAS DE VOLUME IGUAIS

EF06MA24

1. Observe os blocos já pintados e pinte os demais com a seguinte condição:

Blocos com a mesma medida de volume devem ter a mesma cor.

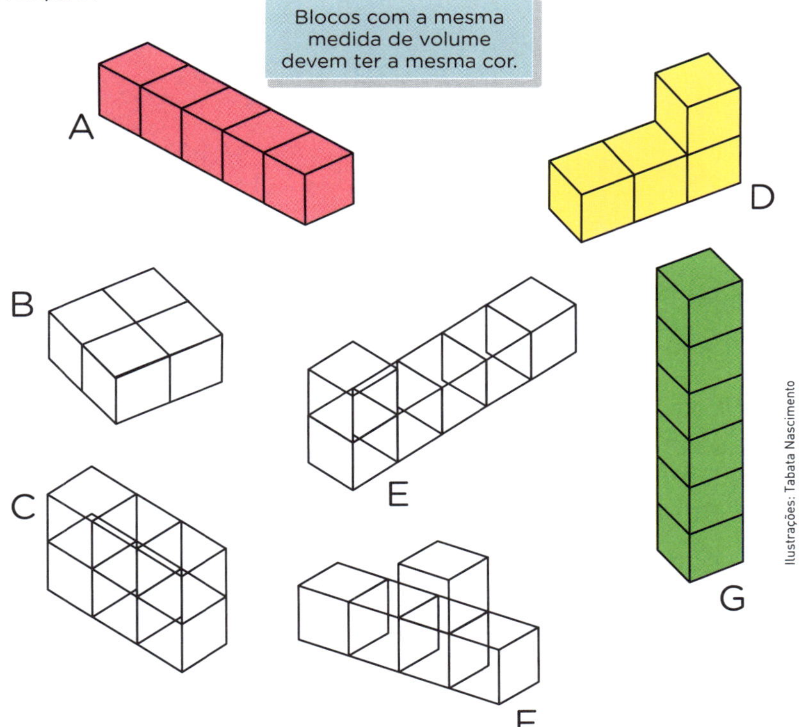

Ilustrações: Tabata Nascimento

2. Agora, considere como unidade de medida de volume a medida do cubinho e registre a medida do volume dos blocos acima considerando essa unidade.

- Bloco A: ______ u.
- Bloco B: ______ u.
- Bloco C: ______ u.
- Bloco D: ______ u.
- Bloco E: ______ u.
- Bloco F: ______ u.
- Bloco G: ______ u.

EF06MA14

É HORA DE RESOLVER PROBLEMAS

1. Em cada item, uma quantia vai ser repartida entre duas crianças. Assinale a opção que mostra as quantias corretas recebidas por elas.

a) R$ 60,00 para Ana e Lucas, de modo que Lucas receba R$ 12,00 a mais que Ana.

- [ ] Lucas R$ 42,00
  Ana R$ 30,00
- [ ] Lucas R$ 36,00
  Ana R$ 24,00
- [ ] Lucas R$ 40,00
  Ana R$ 20,00

b) R$ 96,00 para Raul e Pedro, de modo que Raul receba o triplo da quantia de Pedro.

- [ ] Raul R$ 72,00
  Pedro R$ 24,00
- [ ] Raul R$ 66,00
  Pedro R$ 22,00
- [ ] Raul R$ 60,00
  Pedro R$ 36,00

c) R$ 80,00 para Maria e Alice, de modo que Maria receba 40% da quantia total.

- [ ] Maria R$ 36,00
  Alice R$ 44,00
- [ ] Maria R$ 35,00
  Alice R$ 45,00
- [ ] Maria R$ 32,00
  Alice R$ 48,00

DESAFIO

2. Reparta R$ 72,00 entre três crianças de modo que Regina receba 50% do total e Paulo receba $\frac{1}{3}$ da quantia de Marcelo. Calcule as três quantias.

- Regina: __________.
- Paulo: __________.
- Marcelo: __________.

PROBLEMAS E DIAGRAMAS

1. A um grupo de crianças foi feita a seguinte pergunta:

"Entre as frutas maçã, uva e laranja, de quais você gosta?".

O diagrama ao lado indica as respostas dadas por Lia (L), Raul (R), Carlos (C), Duda (D), Flávio (F) e Paula (P).

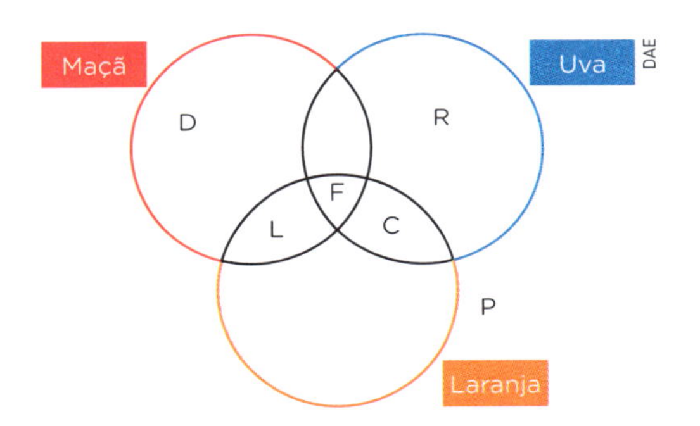

Lia, por exemplo, gosta de maçã e de laranja, mas não gosta de uva. Registre as respostas das demais crianças.

- Raul (R)

____

- Carlos (C)

____

- Duda (D)

____

- Flávio (F)

____

- Paula (P)

____

2. A outro grupo de crianças foi feita a mesma pergunta. Veja as respostas.

- Gui (G): gosta só de laranja.
- Ana (A): gosta das 3 frutas.
- Mário (M): só não gosta de uva.
- Nina (N): só gosta de maçã e uva.

Coloque as iniciais G, A, M e N no diagrama ao lado, de acordo com as respostas.

Tabata Nascimento

EF06MA09 e EF06MA10

TESTES! DESCUBRA A ALTERNATIVA CORRETA!

1. Assinale a alternativa correta de cada item a seguir.

a) Cada termo da sequência abaixo é obtido somando o mesmo valor ao termo anterior.

$$0 \rightarrow \frac{2}{5} \rightarrow \frac{4}{5} \rightarrow 1\frac{1}{5} \rightarrow \dots$$

Então, o 7º termo dessa sequência é:

☐ 3 ☐ $1\frac{3}{5}$ ☐ $2\frac{2}{5}$ ☐ 2

b) A diferença entre o quadrado de 7 e o dobro de 7 é igual a:

☐ 0 ☐ 35 ☐ 63 ☐ 28

c) Somando $\frac{1}{4}$ de hora com $\frac{1}{2}$ hora obtemos o correspondente a:

- [ ] 40 minutos
- [ ] 34 minutos
- [ ] 50 minutos
- [ ] 45 minutos

d) Somando $\frac{1}{4}$ de hora com $\frac{1}{2}$ hora, obtemos:

- [ ] $\frac{3}{4}$ de hora
- [ ] $\frac{1}{3}$ de hora
- [ ] $\frac{1}{6}$ de hora
- [ ] $\frac{5}{12}$ de hora

e) Um caderno de R$ 8,75 e uma caneta de R$ 3,50, juntos, custam:

- [ ] R$ 11,75
- [ ] R$ 12,75
- [ ] R$ 12,25
- [ ] R$ 13,25

EF06MA21

REDUÇÃO E AMPLIAÇÃO DE FIGURAS PLANAS

A'B'C'D' **é uma redução de *ABCD*. Os ângulos correspondentes são os mesmos e os lados correspondentes variam na mesma proporção (foram reduzidos à metade).**

Dayane Raven

1. Observe os triângulos abaixo e complete os espaços da frase.

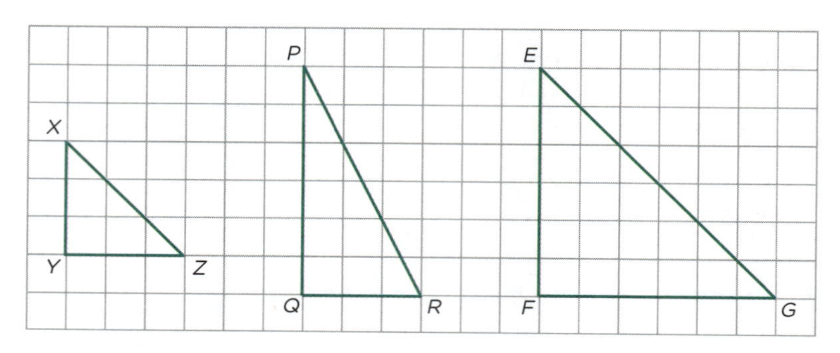

____________ é uma ampliação de ____________, pois ____________

____.

2. Desenhe e pinte a figura *E'F'G'H'*, obtida a partir de *EFGH*, fazendo uma redução em que os lados são obtidos usando $\frac{2}{3}$ das medidas da figura original.

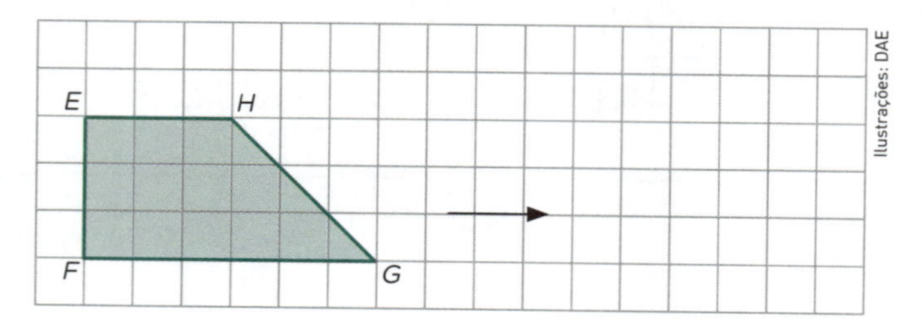

Ilustrações: DAE

3. Agora, faça uma ampliação de *E'F'G'H'* dobrando as medidas dos lados e obtendo a figura *E"F"G"H"*.

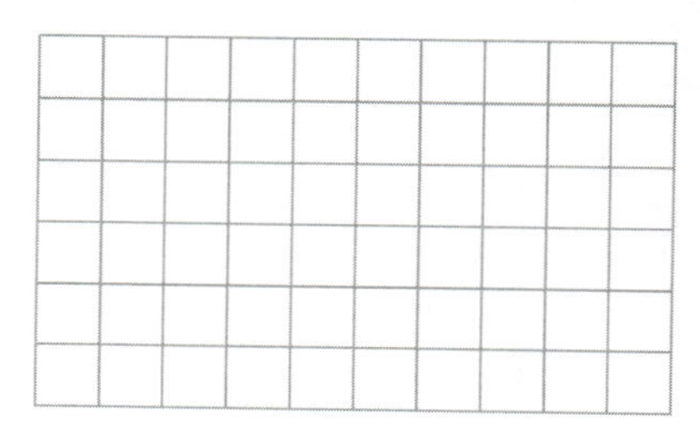

DESAFIO

ESCREVENDO NÚMEROS USANDO QUATRO VEZES UM MESMO NÚMERO

Para realizar este desafio você pode usar as operações abaixo:

Subtração $-$

Multiplicação $\cdot$

Divisão $:$

Ilustrações: DAE

Veja um exemplo: Escrever os números 5, 6 e 9 usando quatro vezes o número 3.

$(3 + 3) - (3 : 3) = 5$ | $3 + 3 + 3 - 3 = 6$ | $3 \cdot 3 - (3 - 3) = 9$

1. Escreva os números 4, 5 e 6 usando quatro vezes o número 2.

__________ $= 4$

__________ $= 5$

__________ $= 6$

2. Escreva os números 1, 3 e 7 usando quatro vezes o número 4.

3. Escreva os números 0, 2 e 5 usando quatro vezes o número 5.

4. Escreva os números 3, 8 e 10 usando quatro vezes o número 2.

O QUE ESTAMOS CALCULANDO?

Complete os quadros a seguir.

Quando dividimos um número por 5, estamos calculando a ________ parte do número ou ________% do número.

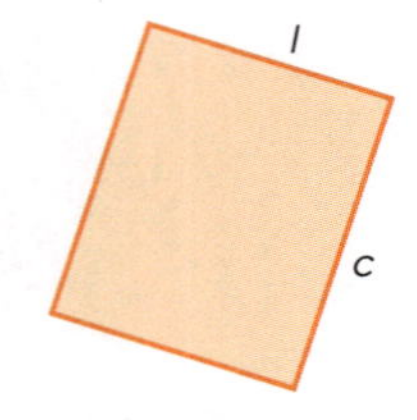

Quando multiplicamos a medida do comprimento pela medida da largura de uma região retangular, estamos calculando a ________________ dessa região.

Quando pagamos um caderno que custa R$ 8,20 com uma nota de R$ 10,00 e efetuamos R$ 10,00 − R$ 8,20 = R$ 1,80, estamos calculando o _____________ dessa compra.

Quando somamos 1 a um número natural, estamos calculando o _____________ desse número.

Quando multiplicamos ou dividimos o numerador e o denominador de uma fração por um número natural diferente de zero, estamos calculando uma fração ________________ à fração inicial. Por exemplo:

$\frac{3^{\cdot 2}}{4^{\cdot 2}} = \square$ $\qquad$ $\frac{6^{:2}}{10^{:2}} = \square$

Quando multiplicamos a medida de comprimento do lado de uma região quadrada por ela mesma, estamos calculando a ________________ dessa região.

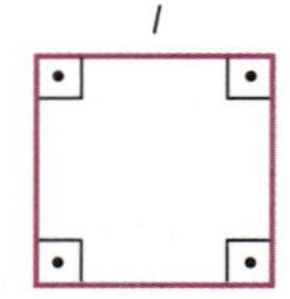

Quando multiplicamos por 4 a medida de comprimento do lado de um quadrado, estamos calculando a medida do ________________ do quadrado.

Quando efetuamos 7 · 0; 7 · 1; 7 · 2; 7 · 3, e assim por diante, estamos calculando os ________________.

A PESQUISA DAS CORES

EF06MA31 e EF06MA32

1. Uma pesquisa foi feita na classe de Marina com a seguinte questão:

"Entre azul, amarelo, verde e vermelho, qual cor você gosta mais?"

As respostas mostraram que:

- azul (Az) teve o dobro dos votos do verde (Vd);
- vermelho (Vm) teve o triplo dos votos do amarelo (Am).
- amarelo (Am) teve a metade dos votos do verde (Vd).

a) O gráfico ao lado, que está incompleto, registra o resultado da votação. De acordo com ele, marque Az, Am, Vd e Vm nos ◯ que aparecem no eixo horizontal do gráfico e pinte as colunas com as cores correspondentes.

Cores favoritas em uma classe

Fonte: Estudantes da classe de Marina.

b) Sabendo que a cor verde (Vd) teve 6 votos, coloque os valores corretos nos ☐ que aparecem no eixo vertical do gráfico.

c) Por último, registre o número de votos dados para cada cor e o número total de votantes:

Azul: ________ Verde: ________.

Amarelo: ________ Vermelho: ________.

Número total de votantes: ________.

LOCALIZAR E DESTACAR

1. Pinte os sete quadros que têm operações cujo resultado é um número natural.

$3 : 9$	$4 \cdot 0{,}75$	5^2	$3{,}73 + 2{,}27$	$\sqrt{121}$
$\sqrt{12}$	$6 \cdot 1\frac{1}{3}$	$7{,}42 - 5{,}24$	$\left(\frac{2}{5}\right)^0$	$0{,}7 + \frac{3}{10}$

2. Coloque ∟ em todos os 10 ângulos retos no painel a seguir.

3. Pinte os três símbolos de unidades de medida de massa.

t	h	km	m	kg
°C	L	R$	g	

4. Pinte os seis quadros que têm, nessa ordem: um divisor de 64, um múltiplo de 9 e um número primo.

4, 45 e 7	16, 108 e 3	0, 1 e 17	1, 0 e 23
32, 36 e 5	8, 81 e 31	128, 18 e 11	64, 9 e 2

5. Pinte os quadros das quatro frações que são equivalentes a $\frac{6}{9}$.

$\frac{12}{18}$	$\frac{3}{2}$	$\frac{30}{40}$	$\frac{2}{3}$	$\frac{42}{63}$	$\frac{4}{7}$	$\frac{30}{45}$

6. Pinte os quadros com as seis divisões com número natural no quociente e resto 3.

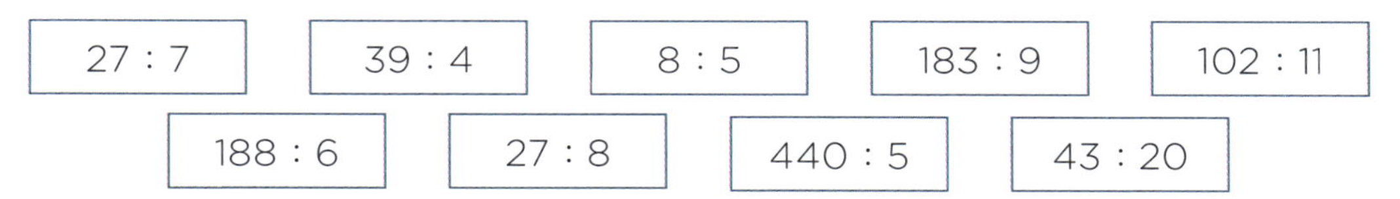

REGULARIDADE

AS ESTRELAS DE 8 PONTAS

Leia essas regularidades envolvendo pares de números naturais que aparecem nas pontas das estrelas, indicadas com setas (pontas opostas).

A: Em todos os pares, um dos números é o quadrado do outro.

B: Em todos os pares, um dos números é o sucessor do outro.

C: Em todos os pares, um dos números é 5 vezes o outro.

D: Em todos os pares, o produto dos números é igual ao dos demais pares.

1. Localize a estrela cuja regularidade se verifica, coloque a letra correspondente e complete com o número que falta para que a regularidade permaneça. Há casos em que existe mais de um número possível (coloque um deles).

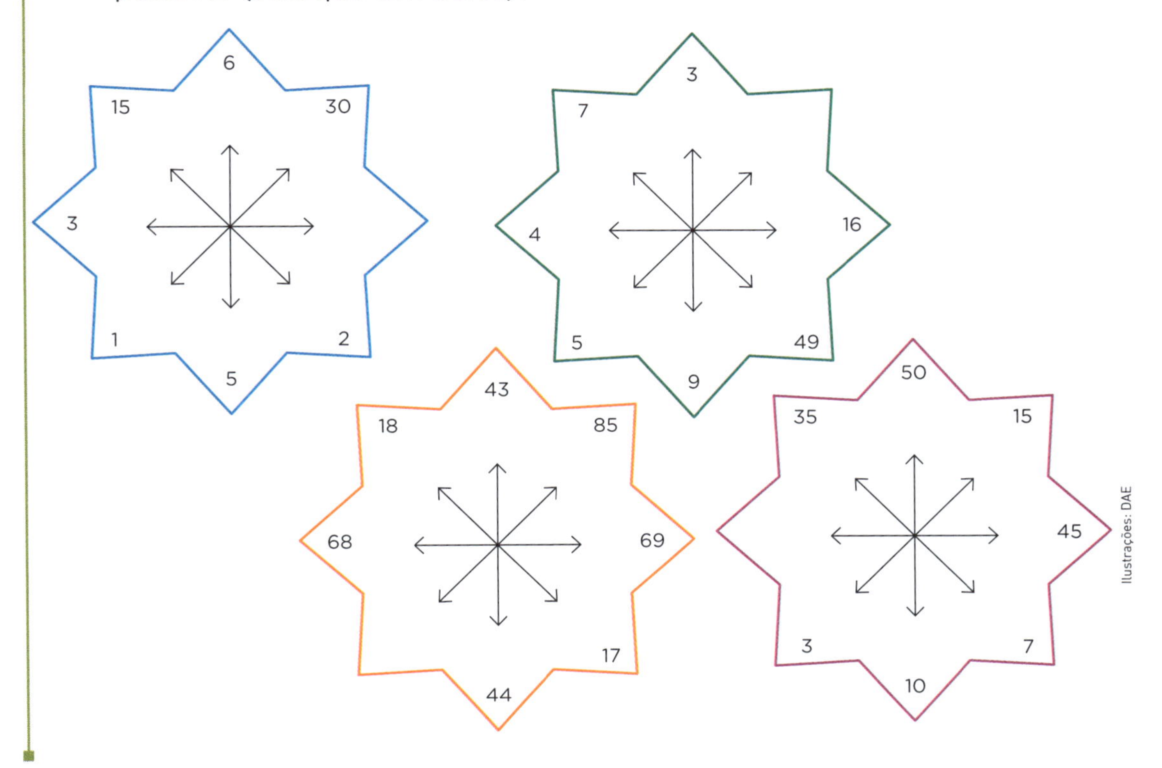

Ilustrações: DAE

EF06MA30

POSSIBILIDADES

QUAL É A PROBABILIDADE?

1. Esta é a equipe Azul na gincana da escola.

Ilustrações: Dayane Raven

Em uma das provas será sorteada uma pessoa da equipe para ser o representante.

Registre, com uma fração irredutível, a probabilidade de:

a) ser sorteada uma menina;

b) ser sorteado um representante de 12 anos;

c) ser sorteado um representante cujo nome começa com R;

d) ser sorteado um representante cujo nome é uma palavra palíndromo.

2. No jogo em que Pedro está participando, ele vai retirar uma dessas fichas:

202	250	100	150	80

Registre, com uma porcentagem, a probabilidade de ele:

a) retirar uma ficha com um número palíndromo;

b) retirar uma ficha com um múltiplo de 50;

c) retirar uma ficha com múltiplo de 10, de 20 e de 40;

d) retirar uma ficha com um divisor de 400;

e) retirar uma ficha com um número par;

f) retirar uma ficha com um número quadrado perfeito.

CÁLCULO MENTAL

QUAL É O VALOR MAIS PRÓXIMO DO RESULTADO?

1. Em cada item, analise a operação com atenção, faça os cálculos mentalmente e pinte o balão com o valor mais próximo do resultado exato.

Use a cor do contorno do balão.

a)

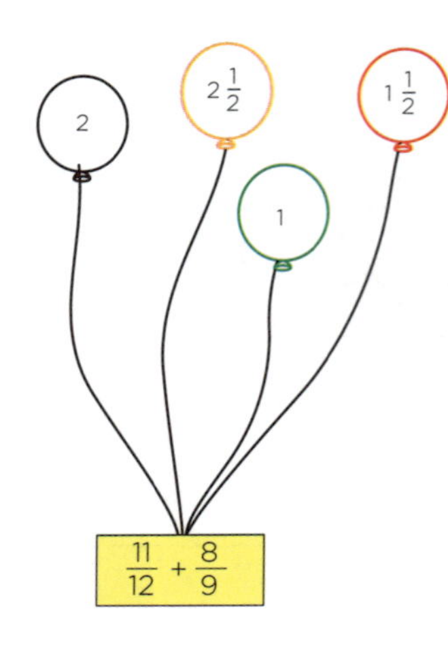

c)

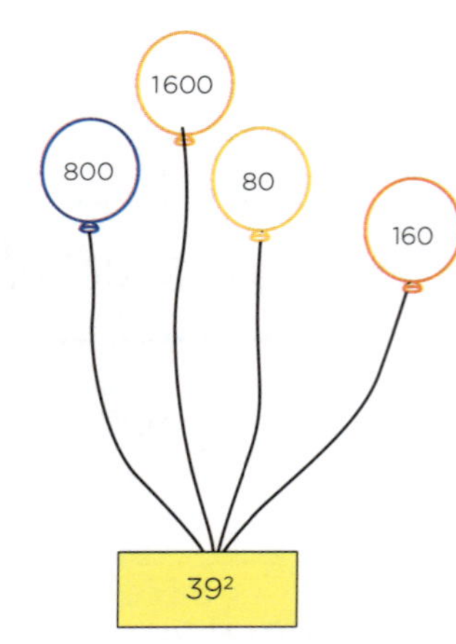

e)

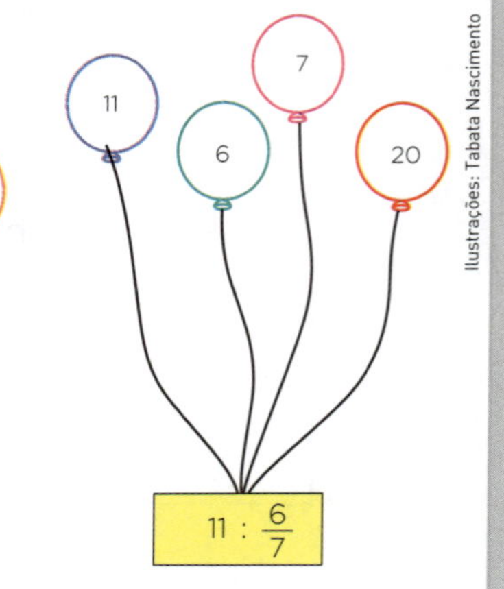

Ilustrações: Tabata Nascimento

b)

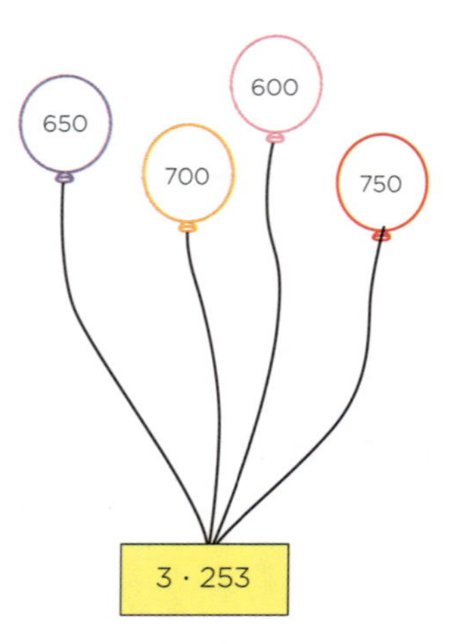

d)

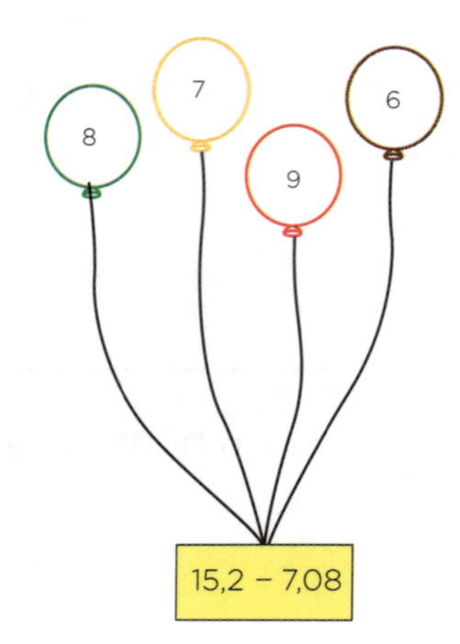

f)

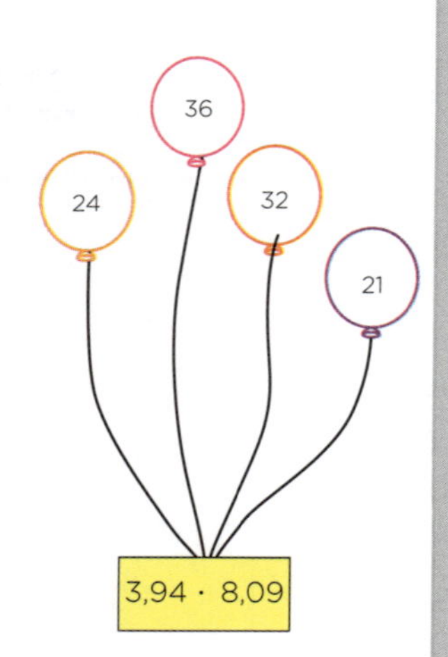

CRIAR OPERAÇÕES!

- Quando não for possível descobrir um exemplo para a operação sugerida, coloque ∄ (não existe) nos dois traços.
- Quando for possível descobrir só um exemplo, registre-o em um dos traços.
- Quando for possível descobrir mais de um exemplo, registre dois deles, um em cada traço.

a) Subtração de dois números naturais ímpares entre 10 e 20 com resultado 8.

____________________ ____________________

b) Multiplicação de dois números naturais pares com resultado 100.

____________________ ____________________

c) Adição de dois números naturais primos com resultado 37.

____________________ ____________________

d) Divisão exata de um número natural de 3 algarismos por um número natural de 2 algarismos com resultado 25.

____________________ ____________________

e) Potenciação com números naturais diferentes de 1, na base e no expoente, e resultado 16.

____________________ ____________________

f) Potenciação com números naturais diferentes de 1, na base e no expoente, e resultado 343.

____________________ ____________________

CÁLCULO MENTAL

"SE ..., ENTÃO ..."

1. Faça os cálculos mentalmente e complete as conclusões a seguir.

a) Se 2747 + 1836 = 4583, então 2748 + 1838 = ______________

b)

Dayane Raven

c) Se o jogo vai começar às 16 h e agora são 13 h 20 min, então faltam ____h ____ min para o jogo começar.

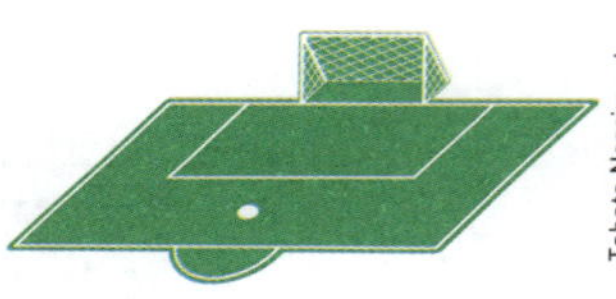

Tabata Nascimento

d) A pirâmide ao lado tem 5 vértices e 5 faces. Mas, se uma pirâmide tem 8 vértices, então ela tem __________ faces.

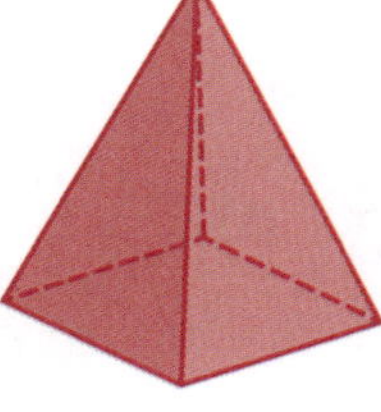

e) Se 15547 - 9876 = 5671, então 15547 - 11876 = __________.

f) Se uma região retangular tem 5 cm no comprimento e 2 cm na largura, então seu perímetro mede __________ e sua área mede ____________.

g) Se 2547 : 7 = 363 com resto 6, então 2549 : 7 = __________ com resto __________.

É HORA DE

EF06MA03

PENSAR E USAR NÚMEROS PRIMOS

1. Inicialmente, escreva os números primos até 50.

____

2. Complete cada afirmação com um número primo, quando ele existir.

a) É número par: ☐.

b) É número ímpar e divisor de 152: ☐.

c) $\sqrt{841}$ = ☐

d) É múltiplo de 3: ☐.

3. Use só números primos para completar as operações e as expressões.

a) Adições com resultado 24.

☐ + ☐ = 24

☐ + ☐ = 24

☐ + ☐ = 24

☐ + ☐ + ☐ = 24

b) Subtrações com resultado 20.

☐ − ☐ = 20

☐ − ☐ = 20

☐ − ☐ = 20

☐ − ☐ = 20

4. Expressões numéricas com valor 5.

(☐ + ☐) : ☐ = 5

☐ − ☐ + ☐ = 5

O PROBLEMA DAS 4 CORES

Você sabia que uma figura plana dividida em 2 ou mais regiões pode ser colorida sempre com até 4 cores sem que regiões vizinhas tenham a mesma cor?

Veja os exemplos.

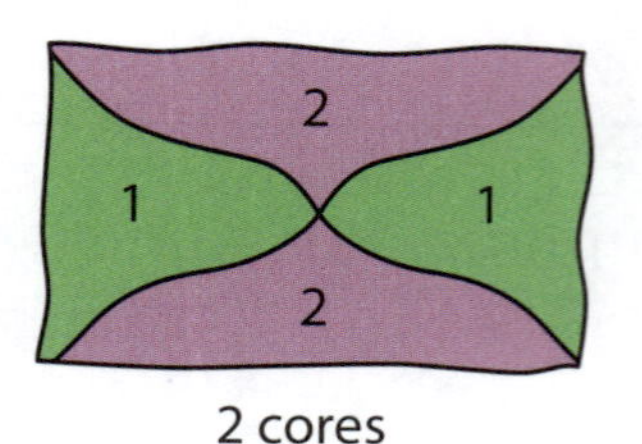

2 cores

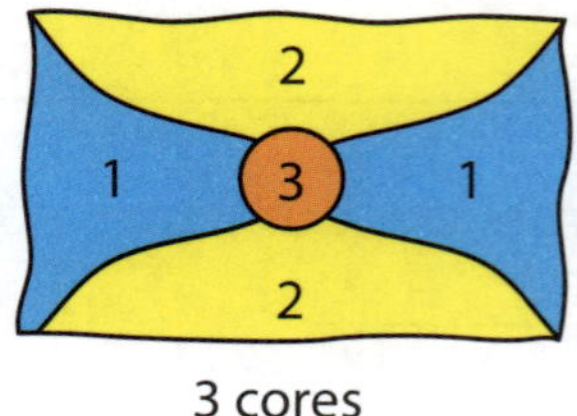

3 cores

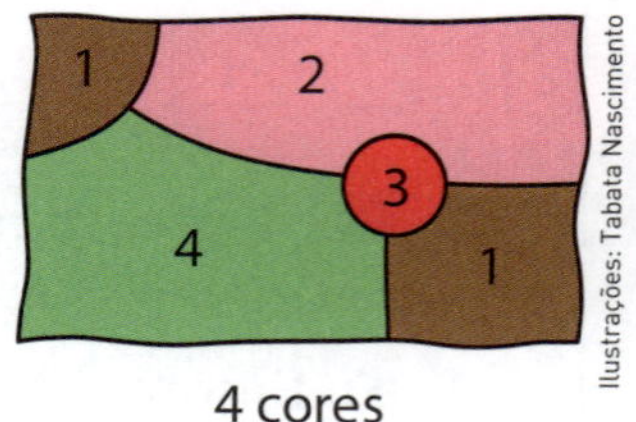

4 cores

Ilustrações: Tabata Nascimento

Essa propriedade ajuda na pintura de mapas, pois, por maior que seja o número de regiões e suas posições, bastam sempre 4 cores ou menos para pintá-las.

1. Pinte os "mapas" a seguir usando o menor número possível de cores. Em cada um, indique o número de cores utilizadas.

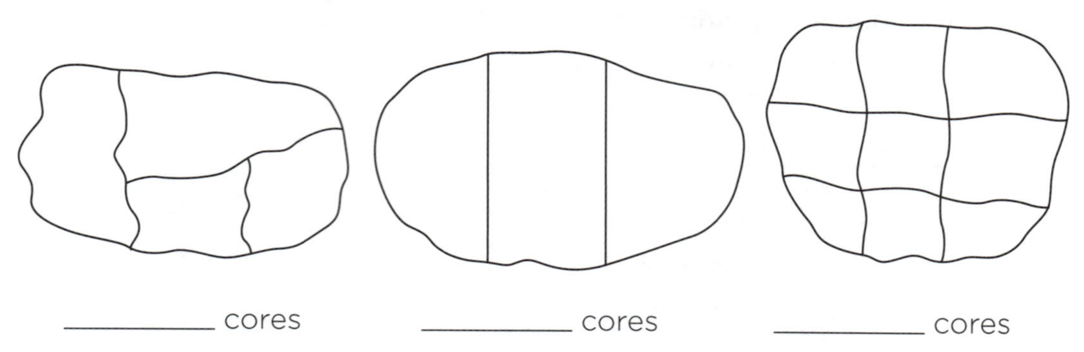

__________ cores   __________ cores   __________ cores

DESAFIO

2. Divida esta região plana de modo que, para pintá-la sem partes vizinhas de mesma cor, sejam necessárias 4 cores.

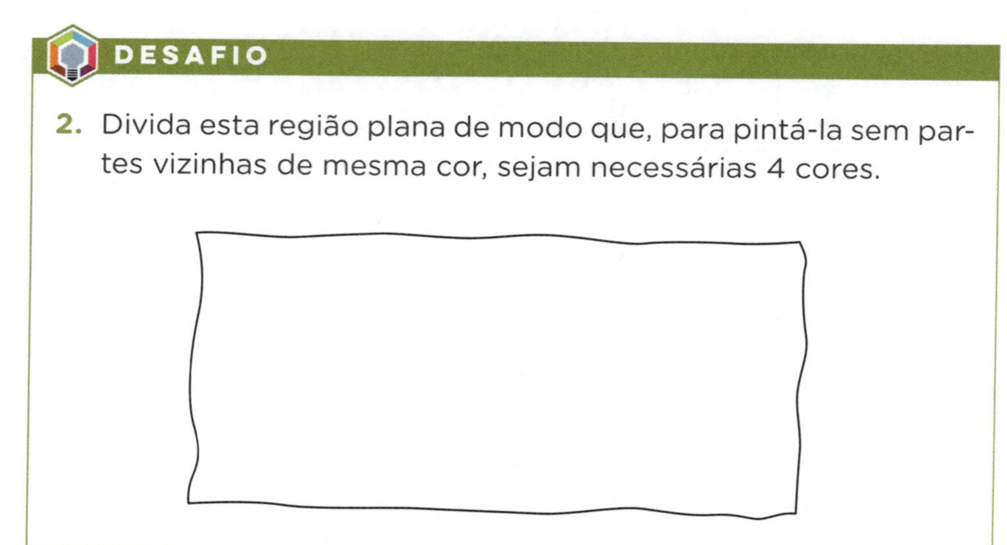

PROBLEMAS "PARECIDOS", MAS DIFERENTES

EF06MA03

As imagens desta página não estão representadas em proporção.

1. Leia com muita atenção, resolva e responda ao que se pede.

   a) Marisa ganhou R$ 300,00 de seu pai.
   Na 1ª semana, gastou R$ 120,00.
   Na 2ª semana, gastou metade do que havia sobrado.

   Com quanto Marisa ainda ficou? ______________

   b) Paulo ganhou R$ 300,00 de seu pai.
   Na 1ª semana, gastou R$ 120,00.
   Na 2ª semana, gastou metade do que ganhou de seu pai.

   Com quanto Paulo ainda ficou? ______________

   c) Nina ganhou R$ 300,00 de seu pai.
   Na 1ª semana, gastou R$ 120,00.
   Na 2ª semana, gastou a metade do que gastou na 1ª semana.

   Com quanto Nina ainda ficou? ______________

Banco Central do Brasil

EF06MA18

AS TRÊS CONDIÇÕES

1. Leia as três condições que uma região plana pode ter ou não.

1ª condição: ser triangular

2ª condição: ter 1 ou mais ângulos retos

3ª condição: ter a cor azul

- Observe as regiões planas desenhadas a seguir e, em cada uma, escreva quais das três condições acima ela satisfaz.

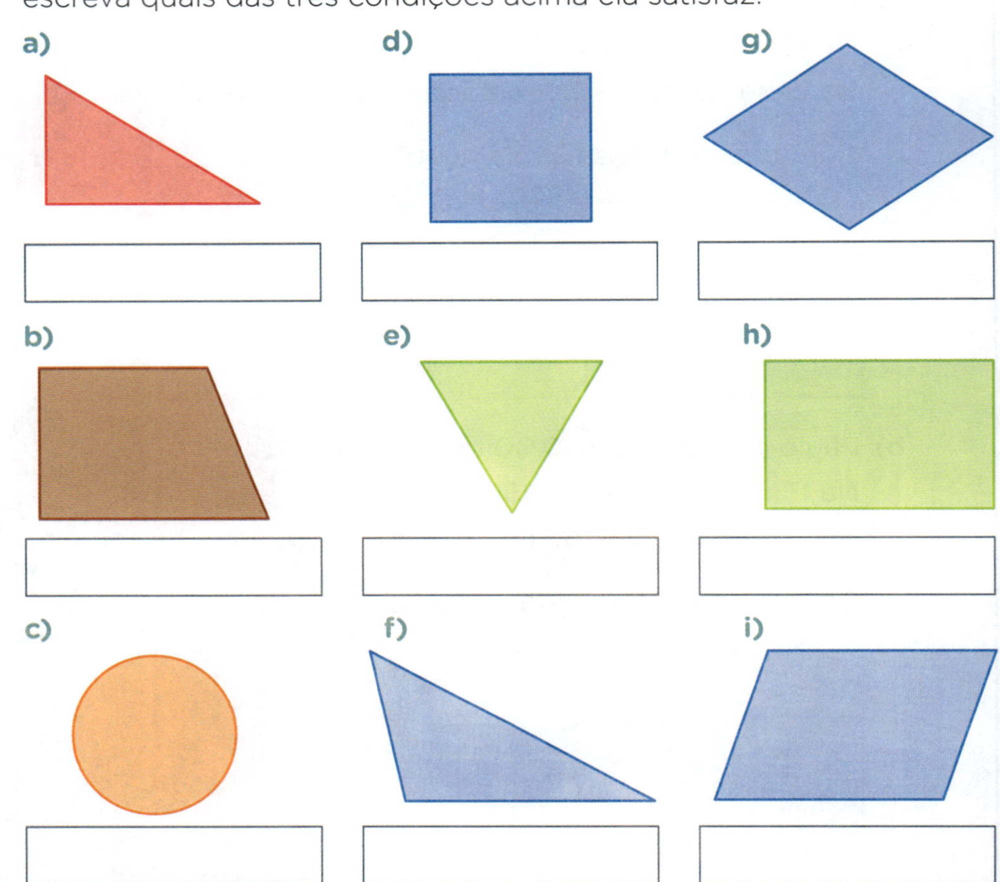

Ilustrações: DAE

2. Agora, desenhe no espaço abaixo uma figura que satisfaça as três condições.

VAMOS COMPLETAR?

Descubra uma regularidade em cada item e complete o que falta de acordo com ela.

1.

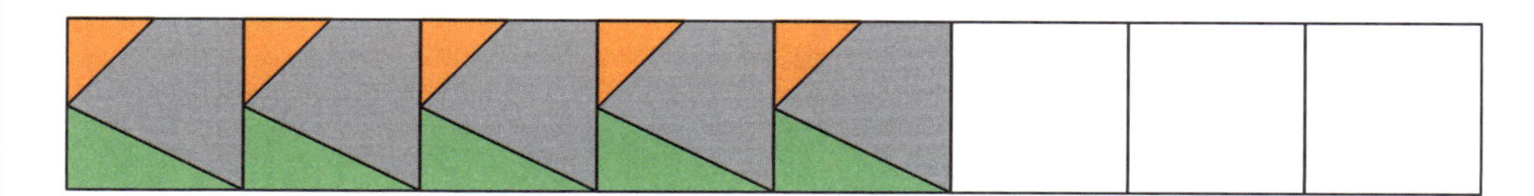

2.

a)

A	B	C	D
D	A	B	C
C			

b)

Ilustrações: Tabata Nascimento

Ilustrações: Tabata Nascimento

3.

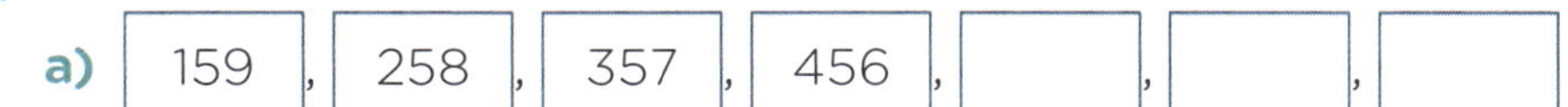

a) 159, 258, 357, 456, ______, ______, ______

b) 0, 100, 400, 900, 1600, ______, ______

c) 10, 100, 110, 210, 320, ______, ______

d) 4, 16, 64, 256, 1024, ______, ______

DEDUÇÕES LÓGICAS

CRITÉRIOS DE SELEÇÃO

1. O presente que Ana ganhou está em uma dessas caixas. Leia as informações que ela dá sobre a caixa do presente, descubra qual é e assinale-a com um **X**.

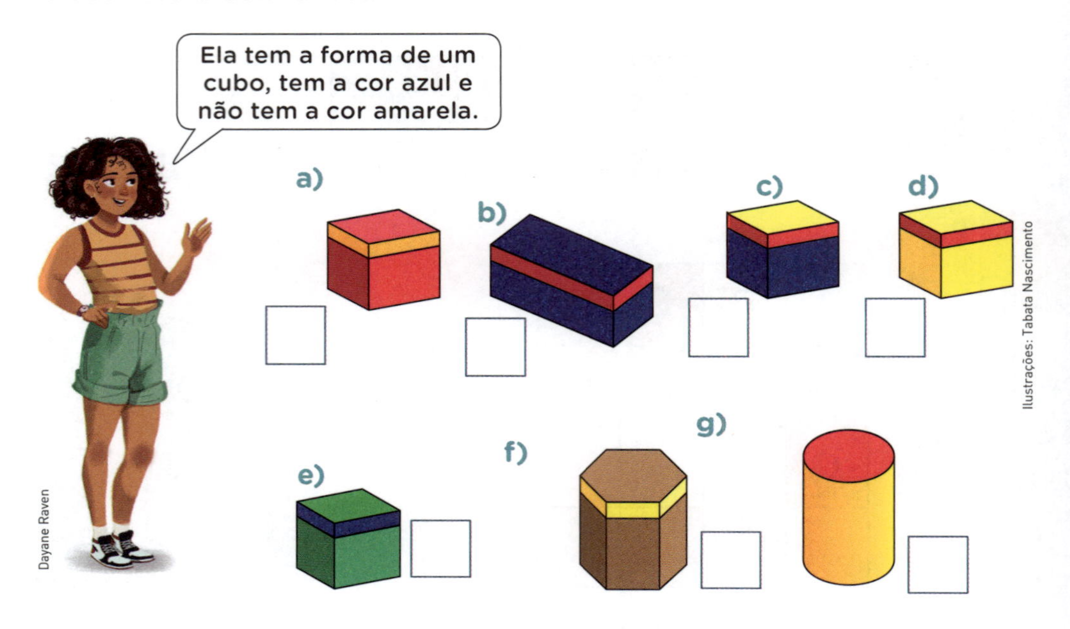

2. José mora em uma das casas a seguir. Leia as informações que ele dá sobre o número da casa, descubra qual é e assinale-a com um **X**.

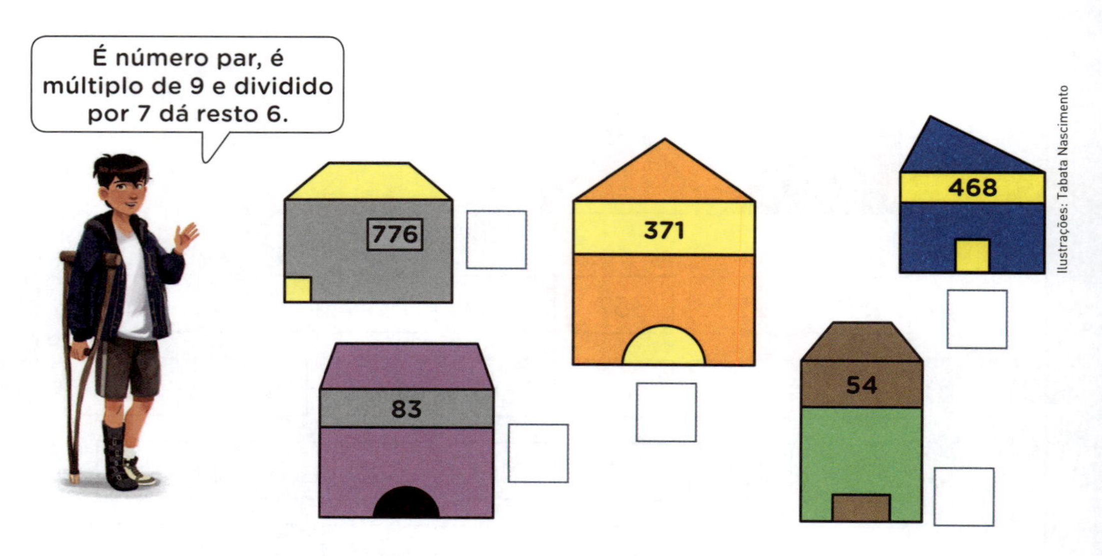

3. Agora, assinale com ● a caixa da atividade 1 e a casa da atividade 2 que não satisfazem a nenhuma das três condições descritas.

GABARITO

RESPOSTAS DE ALGUMAS ATIVIDADES

PÁGINA 8

1. Carlos, Beto, Mara e Neide.
2. Paulo, Bia e Nino (tobogã) e Vera (roda-gigante).

PÁGINA 11

a) nunca;
b) sempre;
c) sempre;
d) às vezes;
e) nunca;
f) sempre;
g) às vezes;
h) nunca.

PÁGINA 14

4. Ano de 2002.

PÁGINA 23

a) Joana;
b) Aldo;
c) Rafael;
d) Cecília;
e) Pedro;
f) Marcos.

PÁGINA 25

2. Azuis: (coluna 2, linha 2); (coluna 3, linha 5) e (coluna 6, linha 2).
   Amarela: (coluna 3, linha 3).

PÁGINA 34

2. a) 2, 6, 18, 54 e 162
   b) 1, 1, 2, 3 e 5
   c) 1, 1, 2, 4 e 8
   d) 5, 11, 23, 47 e 95
   e) 5, 12, 26, 54 e 110

PÁGINA 37

1.

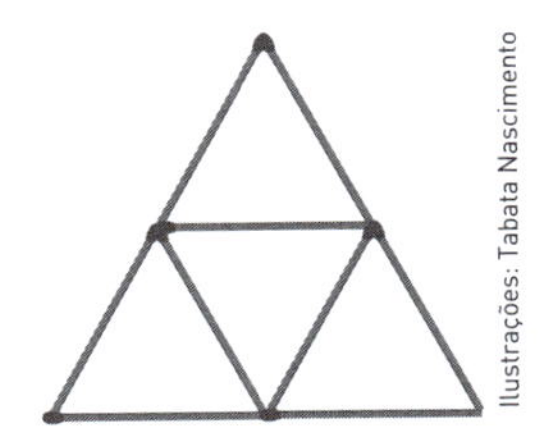

Ilustrações: Tabata Nascimento

2. a)

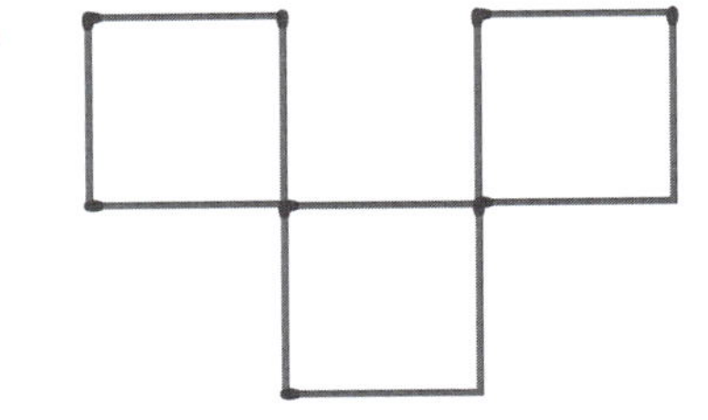

b)

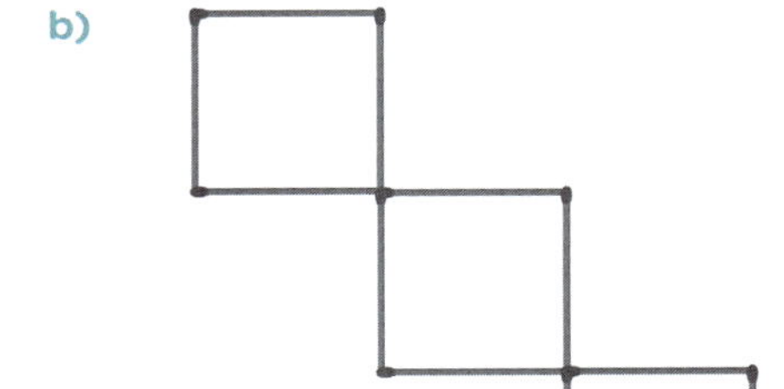

c)

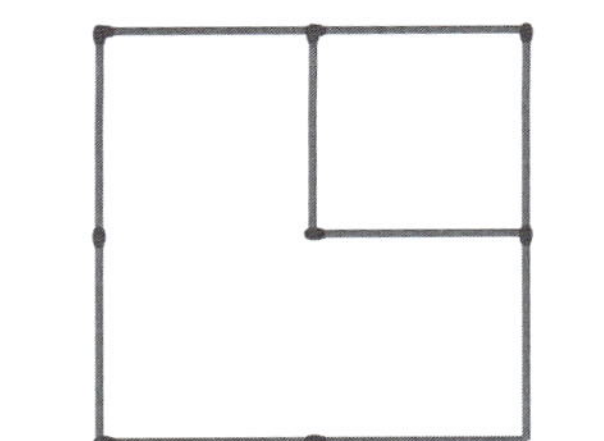

PÁGINAS 38 E 39

1. 36 litros
2. 16 problemas
3. 2 notas de 10 e 1 nota de 5; 2 notas de 10 e 5 moedas de 1; 1 nota de 10 e 3 notas de 5; 1 nota de 10, 2 notas de 5 e 5 moedas de 1; 5 notas de 5; 4 notas de 5 e 5 moedas de 1.
4. 13 mesas

PÁGINA 44

1. 6 árvores
2. 9 sólidos; 3 esferas; 2 cones e 4 cilindros
3. a) 5 bolinhas
   b) 4 bolinhas

PÁGINA 45

1. a) R$ 2,00 e R$ 0,45.
   b) R$ 2,25 e R$ 0,95.
2. 6 L e 50 mL; 3 L e 700 mL
3. a) Valor máximo 6 (por exemplo: Rui é avô de Carlos, Mauro é pai de Celso e Jairo é pai de André).
   b) Valor mínimo 3 (por exemplo: João é pai de Pedro e Pedro é pai de Lucas).

PÁGINA 51

2. É impossível construir caminho na figura do item **c**.

PÁGINA 60

1. 2º lugar

2. 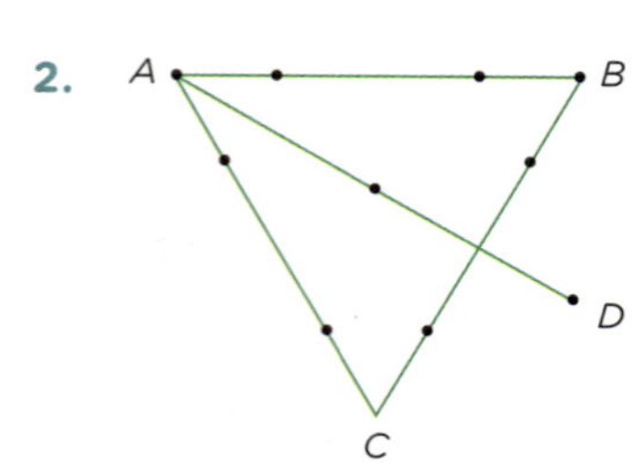

Resposta possível: $\overline{AB}$, $\overline{BC}$, $\overline{CA}$ e $\overline{AD}$.

3. □ = 5; ○ = 7; △ = 3

PÁGINA 61

1. Joel: 28/4/2012; Ana: 24/4/2012; Pedro: 2/5/2012; Mara: 12/7/2013.

PÁGINA 69

b) Time campeão: Tigres.

PÁGINA 73

1. b) 1, 4 ,9 ,16, 25, 36, 49, 64, ...
2. 1, 3, 6, 10, 15, 21, 28, 36, ...

PÁGINAS 79 E 80

2. O paralelogramo será construído pelos pontos *ACDF*.
3. Verdadeira.
4. Não.
   - Sim.

PÁGINA 86

a)

$\frac{2}{4}$ ou $\frac{1}{2}$	$2\frac{1}{4}$	1
$1\frac{3}{4}$	$1\frac{1}{4}$	$\frac{3}{4}$
$1\frac{2}{4}$ ou $1\frac{1}{2}$	$\frac{1}{4}$	2

b)

0,8	2,8	2,4
3,6	2	0,4
1,6	1,2	3,2

c)

1 h 20 min	50 min	50 min
30 min	1 h	1 h 30 min
1 h 10 min	1 h 10 min	40 min

PÁGINA 89

2. Regina: R$ 36,00; Paulo: R$ 9,00; Marcelo: R$ 27,00.

PÁGINA 93

Exemplos de respostas:

1. $2 + 2 + 2 - 2 = 4$; $2 \cdot 2 + 2 : 2 = 5$; $2 \cdot 2 \cdot 2 - 2 = 6$
2. $(4 - 4) + 4 : 4 = 1$; $(4 + 4 + 4) : 4 = 3$; $(4 + 4) - 4 : 4 = 7$
3. $5 + 5 - 5 - 5 = 0$; $5 : 5 + 5 : 5 = 2$; $(5 - 5) \cdot 5 + 5 = 5$
4. $(2 + 2 + 2) : 2 = 3$; $2 + 2 + 2 + 2 = 8$; $2 \cdot 2 \cdot 2 + 2 = 10$

PÁGINA 100

a) 2
b) 750
c) 1600
d) 8
e) 11
f) 32

PÁGINA 101

a) $19 - 11 = 8$
b) $2 \cdot 50 = 100$ e $10 \cdot 10 = 100$
c) $\nexists$
d) Exemplos: $625 : 25 = 25$ e $250 : 10 = 25$
e) $2^4 = 16$ e $4^2 = 16$
f) $7^3 = 343$

PÁGINA 104

1. 3 cores; 2 cores; 2 cores
2. Possível resposta:

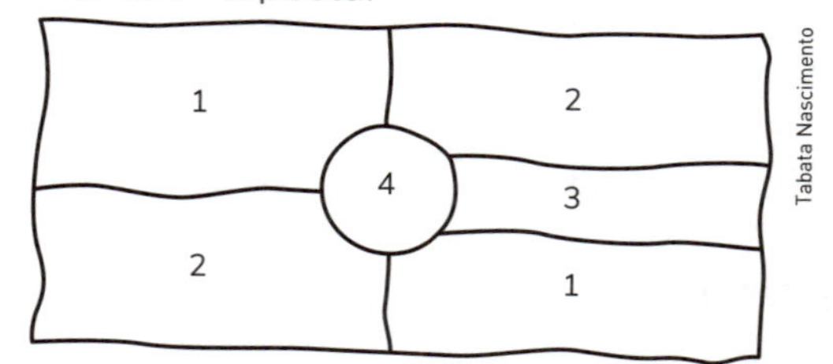

PÁGINA 105

a) R$ 90,00.
b) R$ 30,00.
c) R$ 120,00.

PÁGINA 107

3. a) 555, 654 e 753
   b) 2500 e 3600
   c) 530 e 850
   d) 4096, 16384

PÁGINA 108

1. X na caixa com cores azul e verde.
2. X na casa 468.
3. Na caixa com tampa hexagonal, com tampa circular e na casa 371.

REFERÊNCIAS

BOALER, J. *O que a matemática tem a ver com isso?* Porto Alegre: Penso, 2019.

BRASIL. Ministério da Educação. *Base Nacional Comum Curricular*. Brasília, DF: MEC, 2018.

BRASIL. Ministério da Educação. *Parâmetros Curriculares Nacionais: Matemática*. Brasília, DF: MEC, 1997.

CARRAHER, T. N. (org.). *Aprender pensando*. 19. ed. Petrópolis: Vozes, 2008.

DANTE, L. R. *Formulação e resolução de problemas de matemática*: teoria e prática. São Paulo: Ática, 2015.

DEWEY, J. *Como pensamos*. 2. ed. São Paulo: Nacional, 1953.

KOTHE, S. *Pensar é divertido*. São Paulo: EPU, 1970.

KRULIK, S.; REYS, R. E. (org.). *A resolução de problemas na matemática escolar*. São Paulo: Atual, 1998.

POLYA, G. *A arte de resolver problemas*. Rio de Janeiro: Interciência, 1995.

PORTUGAL. Ministério da Educação. Instituto de Inovação Educacional. *Normas para o currículo e a avaliação em matemática escolar*. Lisboa: IIE, 1991. Tradução portuguesa dos Standards do National Council of Teachers of Mathematics.

POZO, J. I. (org.). *A solução de problemas*: aprender a resolver, resolver para aprender. Porto Alegre: Artmed, 1998.

RATHS, L. *Ensinar a pensar*. São Paulo: EPU, 1977.

SCHOENFELD, A. Heuristics in the classroom. *In*: KRULIK, S.; REYES, R. E. *Problem solving in school mathematics*. Reston: National Council of Teachers of Matethematics, 1980.